每日 *Vita* 輕排毒，時尚新⋯⋯

玻璃罐排
DETOX
WATER

法國藍帶甜點師 **Sachi** 著 **趙君苹** 譯

ジャーで楽しむデトックスウォーター
キレイをつくるおいしいレシピ

美味・健康・天然
「玻璃罐排毒水」讓你愈喝愈美麗！

WHAT IS DETOX WATER?

為了擁有美容和健康，
每天喝 1.5 ～ 2 公升的水已是「保持美麗的常識」。

藉由定時攝取水分，
可以將老廢代謝物排出體外，
並使體內 60% 的水分隨時維持清澈乾淨。
同時讓肌膚及頭髮充滿耀眼光澤、內臟正常運作，進而維持健康。
多喝水也能預防夏天中暑、減輕夏日疲勞症候群。
然而，一天要喝足 2 公升的水其實比想像中困難。

在每天喝的水當中加入水果、香草、蔬菜，活用其味道或香氣，
讓普通的水變得好喝又饒富趣味，這就是「Detox Water 維他命排毒水」。
蔬果溶出的微量營養成分更可發揮排毒的功效。

作法非常簡單！
只要在容器裡放入切好的水果、蔬菜或香草，
將水倒入、再放進冰箱冷藏一個晚上即可。
而且外觀超級可愛，飲用時不僅能感受到幸福感，也非常療癒身心。
但常有人說要做出美味的排毒水很困難。

沒錯，隨便丟些自己喜歡的水果再隨意放置一下，
不僅不好喝，裡頭的營養成分也不會被抽取出來。

本書所介紹的排毒水配方是經過多重試驗，
考量水的分量、蔬果與香草的平衡，各種素材的味道搭配，
以及放置時間等要素而設計的獨家配方。

從甘甜多汁、充滿濃厚香草味、
大人成熟風的個性口感到微微苦澀的滋味，
收錄了 58 種不同風味的排毒水作法。
而且書中也介紹利用剩下水果及香草的「美味再製食譜」
將食材發揮到極致！

容器選擇方便製作、易於冰箱收納，
外觀精美可愛的玻璃瓶。
用 480ml 大小的瓶子可以省去計量的步驟，
也容易掌握所喝下的水量，非常便利。
讀到這裡，你是否會產生下列疑問？

- 排毒水跟 100% 果汁或冰沙有何不同？
- 容易水腫、手腳冰冷的人也可以喝嗎？
- 無法溶在水裡的營養成分怎麼辦？
- 為什麼不直接吃水果呢？

有這些疑問的你，請參考第 66 頁將有詳細回答。

⚠ 因溶於水中的成分屬於微量，所以必須保持飲用習慣才能期待美
容或健康效果。

⚠ 有腎臟相關疾病、限制鉀攝取量的患者，飲用排毒水時請一定要
先和主治醫師討論諮詢。另外，因高血壓、高脂血症、狹心症等
服用鈣離子通道阻滯劑、抗血小板藥物等患者，可能因葡萄柚的
成分而使藥物效果更加強烈，導致血壓下降過度。有服用以上藥
物的人，請勿使用葡萄柚製作排毒水。

CONTENTS

PART 1
混合水果排毒水
FRUITS DETOX WATER

草莓基底排毒水
STRAWBERRY BASED

柳橙基底排毒水
ORANGE BASED

葡萄柚基底排毒水
GRAPEFRUIT BASED

檸檬基底排毒水
LEMON BASED

香蕉基底排毒水
BANANA BASED

鳳梨基底排毒水
PINEAPPLE BASED

藍莓基底排毒水
BLUEBERRY BASED

覆盆莓基底排毒水
RASPBERRY BASED

芒果基底排毒水
MANGO BASED

西瓜基底排毒水
WATERMELON BASED

本書使用方法

作為基底使用量最多的水果。

水果的分量及切法一目了然。

食材切法的説明。

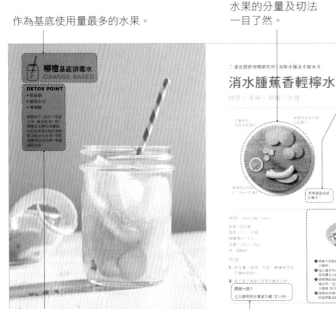

一眼就能掌握排毒水可改善的症狀。

排毒水所使用的食材成分及功效。此處沒有列舉的成分或症狀請參考 91 ～ 93 頁。

基底水果的營養成分及排毒效能。

可以加水再喝一次的排毒水泡製時間。

排毒水喝完後，利用剩下的水果或蔬菜製作料理。

本書使用規則

① 罐子或瓶子請煮沸消毒後再使用。在大鍋子的底部鋪上抹布，將罐子排好，並把水倒滿至罐口高度，接著開火煮沸。沸騰後持續煮沸 15 分鐘以上。完成後將瓶罐倒放在乾淨的布巾上自然風乾。瓶蓋用熱水煮沸消毒約 1 分鐘，並用一樣的方法自然風乾。

① 本書使用的是一般自來水煮沸的白開水。礦泉水可能會有特殊味道，或因其硬水性質使水果中的成分不易溶出。

① 柑橘類水果請使用不含農藥的產品。若無法購得時，即使書上標註「帶皮使用」也請務必將皮切掉後再處理。

① 香草輕輕水洗後用廚房紙巾拭乾。接著放在手掌上拍打，使香味散出後再使用。

① 冷凍水果不必解凍，直接使用即可。

① 將水倒入後一定要放進冰箱冷藏。

① 飲用前請輕輕地搖動罐子或用吸管攪拌。

① 完成後請在 24 小時內全部喝完。

本書使用的主要水果及蔬菜重量

FRUIT	甘夏蜜柑	1 個	240g（去皮後淨重 150g）
	草莓（中）	1 粒	15g
	柳橙	1 個	200g（去皮後淨重為 130g）
	奇異果	1 個	120g
	葡萄柚	1 個	400g（去皮後淨重 250g）
	西瓜	1 片	220g（去皮後淨重 150g）
	鳳梨	1/10 個	170g（去皮後淨重 80g）
	香蕉（中）	1 根	150g（去皮後淨重 100g）
	哈密瓜	1/10 個	200g（去除皮及種子後淨重 100g）
	蘋果（中）	1 個	200g
VEGETABLE	番茄（中）	1 個	100g
	白蘿蔔（中）	1 根	800g
	小黃瓜（中）	1 根	150g
	胡蘿蔔（中）	1 根	200g

使用 480ml 的玻璃罐更方便製作

本書所使用的「Mason Jar 梅森罐」皆為 480ml 的容量，並分為三類：廣口型的 Wide Mouth（左）、蓋口較小的 Regular Mouth（中）及附有把手的 Drinking Mug（右）。

用 480ml 的罐子製作排毒水就不必再用量杯測量。依食譜放入食材後，只需把水倒滿至蓋子下方即可。

也可以使用有把手的大型水壺製作。

水果的基本切法

[**去除整顆柳橙皮**]　使用 2/3 顆以上柑橘類水果的切法。

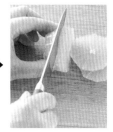

❶ 將柳橙兩端切掉 1cm 後直放，從上方將皮切掉。

❷ 白色內皮也一起切掉。

❸ 切成圓片。

[**柳橙片去皮**]

使用 1 ～ 2 片柑橘類水果的切法。

將切成圓片帶皮的柳橙放到砧板上，把外皮及白色內皮切掉。

[**鳳梨去皮**]　切鳳梨其實不難，當然也可以直接購買切好的鳳梨喔！

❶ 先垂直切半，再將頭尾切掉。

❷ 直切成對半。

❸ 將鳳梨直放，從上方將芯切除。

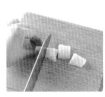

❹ 再次直切成對半。

❺ 將皮與果肉分離。

❻ 切成需要的大小。

[**讓葡萄、鳳梨更快出味**]

用叉子戳刺葡萄及鳳梨的纖維，可以幫助成分更快溶出。

葡萄切半後，用叉子戳刺數下，使其纖維斷裂。

用叉子戳刺鳳梨的果肉，使其纖維斷裂。

基本製作方法

BASIC DETOX WATER

徹底消除疲勞、改善水腫，美肌養成的萬能排毒水

黃金鮮橙高酵飲

柳橙 + 鳳梨 + 奇異果 + 荷蘭薄荷

奇異果切成 2 枚
圓片並剝皮。

柳橙切成 3 枚圓片
並切掉皮。

鳳梨切成薄片並用
叉子戳刺果肉。

薄荷摘取葉子
的部分。

材料 （480ml 的罐子 1 瓶份）

柳橙…2/3 個
鳳梨…30g
奇異果…1/2 個
荷蘭薄荷…2 枝
水…300ml

改善症狀

頭髮毛躁乾澀

肌膚粗糙　水腫　斑點

放鬆　集中力UP　消除疲勞

BEAUTY & HEALTHY MEMO

維他命 C 具有美肌作用，可改善頭髮毛躁乾澀的肌醇也很豐富。薄荷香氣可消除焦躁情緒，鳳梨甜味、柳橙酸味與薄荷清爽香氣互相調和出容易入口的味道。

作法

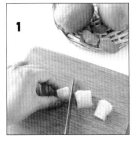

1 切好所有材料。將薄荷放在掌心拍打至香味散出。

2 將柳橙、奇異果、鳳梨、薄荷依序放入罐中。

3 將水倒入後蓋上蓋子，放到冰箱冷藏16～24小時。

再享用一次！

拿掉容易腐敗的薄荷，再次倒入300ml 的水並冷藏 12 小時。

PART1

混合水果排毒水
FRUITS DETOX WATER

「只是把水果和香草泡到水裡，這也需要食譜嗎？」

也許有人會這麼認為。然而，想做出「有自我風格而且打從內心覺得好喝！」的排毒水其實並不容易。

本書提供的作法中，包含讓水果快速出味的切法、浸泡時間、香氣及美麗的外觀呈現，是精心研究出來的配方大全。從甘甜好入口到帶有清爽口感的種類，這裡都一應俱全介紹給大家。

草莓基底排毒水
STRAWBERRY BASED

DETOX POINT

- 維他命 C　　　★★★
- 檸檬酸　　　　★★★
- 水溶性膳食纖維　★★★

草莓含有美肌、解除疲勞、改善肩頸痠痛的維他命 C 及檸檬酸。此外也具有能排出及代謝有害物質的水溶性纖維及鉀。花青素可改善記憶力退化並維持腦部健康，木糖醇可防止酸蝕引起的蛀牙，這兩種成分都能透過草莓來攝取。

🍓 對肌膚及身體進行整體照護，永保青春

好氣色美白檸檬水

草莓 + 柳橙 + 香蕉 + 檸檬 + 荷蘭薄荷

檸檬帶皮切成 2 ～ 3mm 的薄片。

草莓去蒂後每粒切成 5 ～ 6 枚薄片。

香蕉切成厚度 4 ～ 5mm 的圓片。

薄荷摘取葉子的部分，放至手心拍打使香味散出。

柳橙切成 1 枚圓片並切掉皮。

改善症狀

肌膚暗沉	斑點
生理痛	水腫
消除疲勞	胃脹氣
預防感冒	減肥

BEAUTY & HEALTHY MEMO

此配方能大量攝取有美白效果的維他命 C，及幫助排出多餘水分的鉀。維他命 B6 能預防口腔潰瘍及緩和生理痛，薄荷香氣也能使胃感到清爽。是稍微帶有苦味的大人風排毒水。

材料 （480ml 的罐子 1 瓶份）

草莓（中）…5 ～ 6 粒
柳橙…1/4 個
香蕉（小）…1/2 根
檸檬薄片…1 片
荷蘭薄荷…2 枝
水…315ml

作法

1 將柳橙、香蕉、草莓、檸檬、荷蘭薄荷依序放入罐中並倒水。

2 蓋上蓋子冷藏 16 ～ 24 小時。

再泡一次！

拿掉容易腐敗的荷蘭薄荷，注入相同的水量並冷藏 12 小時。

🍓 緩和眼睛疲勞、促進細胞活化健康

亮眼淨化莓果水

草莓 + 藍莓 + 覆盆莓 + 肉桂 + 丁香

草莓去蒂後每
粒以月牙形切
成 6 等分。

冷凍藍莓直接
使用。

冷凍覆盆莓直接
使用。

丁香直接使用。

肉桂棒直接使用。

改善症狀

肌膚粗糙	減肥
眼睛痠澀	水腫
消除疲勞	便秘
預防感冒	手腳冰冷

BEAUTY & HEALTHY MEMO

大量的莓果能促進血液循環及
調理美肌。藍莓的花青素能抗
氧化、緩和眼睛疲勞，肉桂則
具有溫補活血的功效。微微帶
著苦澀的莓果味後，出現的是
肉桂溫醇柔和的風味。

材料 （480ml 的罐子 1 瓶份）

草莓（中）…4 粒	肉桂棒…1 根
冷凍藍莓…10 粒	丁香…2 枝
冷凍覆盆莓…4 粒	水…340ml

作法

1 將丁香、藍莓、草莓、覆盆莓、肉桂棒依序放入
罐中並倒水。

2 蓋上蓋子後冷藏 12 小時。

再泡一次！

注入相同的水量並冷藏 12 小時。

美味再製食譜

什錦早餐

❶ 將全部水果放入碗中，加入燕麥片
50g、牛奶 50ml、原味優格 50g、
香蕉 1/3 根切成圓片、6 顆切碎的
無鹽烤杏仁、楓糖漿 1 大匙。

❷ 均勻攪拌後冷藏一晚，食用時可依
喜好淋上楓糖漿。

🍓 拯救曬黑肌膚及預防感冒的緊急配方

淡斑柳橙美顏水

草莓 + 柳橙 + 萊姆

草莓去蒂後每粒切成 5～6 枚的薄片。

萊姆切成 2～3mm 的薄片並切掉皮。

柳橙切成 3 枚圓片 並切掉皮。

改善症狀

曬黑	斑點
肌膚乾燥	黑眼圈
消除疲勞	預防感冒
便秘	肩膀痠痛

BEAUTY & HEALTHY MEMO

豐富的維他命 C 及檸檬酸能促進新陳代謝，有助於曬黑的肌膚進行再生。此配方也能改善疲勞、肩膀痠痛及女性常見的煩惱。清爽柑橘風味與酸甜的草莓味互相融合，是富有強烈個性的口感。

材料（480ml 的罐子 1 瓶份）

草莓（中）…6～7 粒
柳橙…1/3 個
萊姆薄片…2 片
水…300ml

作法

1 將柳橙、萊姆、草莓依序放入罐中並倒水。

2 蓋上蓋子冷藏 12 小時。

再泡一次！

注入相同的水量並冷藏 12 小時。

美味再製食譜

酸甜果醬

❶ 將柳橙及萊姆切碎後，和剩下的水果一起放入耐熱容器中。加入甜菜糖 2 大匙、蜂蜜 1 小匙、檸檬汁 1 小匙並攪拌。

❷ 不包上保鮮膜，放入微波爐（500W）加熱 10 分鐘，撈起渣沫後再次攪拌。

※ 為了防止內容物噴濺出來，請選用較大的容器。

柳橙基底排毒水
ORANGE BASED

DETOX POINT

- 類黃酮
- 維他命 C
- 檸檬酸

柳橙除了上述的三種成分外，維他命 B1、B2、葉酸及肌醇也很豐富。由於這些成分能代謝脂質及碳水化合物，可促進體脂肪的分解、增進減肥功效。

消水腫蕉香輕檸水

🍊 適合想舒快暢飲的你！消除水腫及手腳冰冷

柳橙 + 香蕉 + 檸檬 + 生薑

生薑帶皮
切成 3 枚薄片。

柳橙剝皮後切成
5 枚圓片。

檸檬帶皮切成
2 ～ 3mm 的薄片。

香蕉垂直切成
2 等分。

改善症狀

水腫	手腳冰冷
肌膚粗糙	黑眼圈
便秘	免疫力UP
消除疲勞	生理痛

BEAUTY & HEALTHY
MEMO

傍晚時腿部腫脹，可能是手腳冰冷導致浮腫。透過香蕉的鉀改善水腫並讓生薑溫暖身體吧！生薑把香蕉濃郁的甜味變得清爽，入喉後緩緩透出柑橘的香氛餘韻。

材料 （480ml 的罐子 1 瓶份）

柳橙…2/3 個
香蕉（小）…1 根
檸檬薄片…1 片
生薑…1/3 片（5g）
水…300ml

作法

1 將生薑、柳橙、香蕉、檸檬依序放入罐中並倒水。

2 蓋上蓋子後放入冰箱冷藏 8 小時。

再泡一次！

注入相同的水量並冷藏 12 小時。

美味再製食譜

番茄肉醬筆管麵

❶ 將剩下的柳橙切碎，香蕉、檸檬、生薑切碎後放入鍋中。

❷ 加入義大利香醋 1 小匙、橄欖油 1 小匙、番茄肉醬 2 人份，開中火仔細拌炒。

❸ 香蕉開始溶解後加入迷迭香 5cm、鹽少許、黑胡椒少許，也可以添加少許紅胡椒，蓋上蓋子以小火燉煮 10 分鐘即完成。

❹ 將煮好的筆管麵淋上醬汁並混合攪拌，灑上適量的起司粉及羅勒。

♂工作前飲用可提高集中力，舒緩雙眼疲勞

護眼藍莓提神飲

柳橙 + 藍莓 + 迷迭香

改善症狀

9hr

- 肌膚乾燥
- 分解脂肪
- 眼睛疲勞
- 黑眼圈
- 集中力 UP
- 手腳冰冷
- 胃脹氣
- 身心放鬆

BEAUTY & HEALTHY MEMO

柳橙與迷迭香的香氣具有提升集中力的功效，推薦給坐在電腦前工作、經常用眼過度的人。最新的研究指出藍莓中的多酚可抑制脂肪增加。迷迭香的香氣能突顯出柳橙的風味，可說是效果與美味兼具的元氣水。

材料 （480ml 的罐子 1 瓶份）

柳橙…2/3 個
冷凍藍莓…25 粒
迷迭香…5cm
水…300ml

作法

1. 將柳橙、迷迭香、冷凍藍莓依序放入罐中並倒水。

2. 蓋上蓋子放到冰箱中冷藏 9 小時。

   再泡一次！

   拿掉容易腐敗的迷迭香，注入相同的水量並冷藏 12 小時。

柳橙剝皮後切成8 片半月狀。

冷凍藍莓直接使用。

迷迭香放至手心拍打使香味散出。

♂ 調整腸道環境，身體及大腦也煥然一新！

高纖整腸蘋柚水

柳橙 + 蘋果 + 葡萄柚 + 檸檬

肌膚乾燥	便秘
肌膚粗糙	黑眼圈
夏天疲勞	手腳冰冷
胃脹氣	免疫力 UP

BEAUTY & HEALTHY MEMO

大量水溶性膳食纖維能消除便秘、調整腸道。由於能增強免疫力及幫助礦物質吸收的檸檬酸會溶入水中，所以推薦用餐時一起飲用。蘋果的甜度能將微苦的柑橘味溫和覆蓋上去，是容易入口的風味。

材料 （480ml 的罐子 1 瓶份）

柳橙…1/3 個
蘋果…1/7 個
葡萄柚…去皮後 15g
檸檬薄片…1 片
水…300ml

作法

1 將柳橙、葡萄柚、檸檬、蘋果依序放入罐中並倒水。

2 蓋上蓋子放到冰箱冷藏 10 小時。

再泡一次！

注入相同份量的水並冷藏 12 小時。

葡萄柚切成半月形並去皮。

柳橙切成 2 枚圓片並切皮。

蘋果帶皮切成 1/4 等分，再切成厚度 5mm 的蘋果片。

檸檬帶皮切 2～3mm 薄片。

美味再製食譜

優格水果冰沙

將剩下的水果冷凍後放入果汁機，再加入牛奶 100ml、原味優格 1 大匙、蜂蜜 1 大匙、檸檬汁 1 小匙並攪打均勻。

葡萄柚基底排毒水
GRAPEFRUIT BASED

DETOX POINT

- 類黃酮　　　★★★
- 鉀　　　　　★★★
- 檸檬酸　　　★★★

葡萄柚的苦味來自一種叫「柚苦苷 Naringen」的類黃酮，具有促進脂肪分解及使細胞常保年輕的超強抗氧化力。並且能緩和進食後的血糖值上升，使人較不易發胖。維他命 C 及水溶性膳食纖維也很充沛，是達成美肌和減肥不可缺少的水果。

◯ 感覺吃太多時，就喝這罐把脂肪 DETOX！

奇異果油切纖體飲

葡萄柚 + 奇異果 + 百里香

葡萄柚切成 3 枚圓片並切掉皮。

奇異果切成 3 枚圓片並剝皮。

百里香直接使用。放至手心拍打使香味散出。

改善症狀

療癒身心	成人痘
胃脹氣	橘皮組織
脂肪分解	提振心情
便秘	宿醉

BEAUTY & HEALTHY MEMO

奇異果擁有調整腸內環境的效果，葡萄柚與百里香的香氣更可以使心情變得開朗積極。清淡的風味與百里香充滿個性的香氣互相調和，是用餐時可以一起享用的配方。

材料 （480ml 的罐子 1 瓶份）

葡萄柚…1/2 個
奇異果…1/2 個
百里香…2 枝（8cm）
水…300ml

作法

1 將葡萄柚 1 片、奇異果、百里香、葡萄柚 2 片依序放入罐中並倒水。

2 蓋上蓋子放到冰箱冷藏 16 ～ 24 小時。

再泡一次！

拿掉容易腐敗的百里香，注入相同的水量並冷藏 12 小時。

美味再製食譜

酸果雪酪

❶ 將水果放進果汁機，加入原味優格 100g、蜂蜜 1 大匙、細砂糖 2 又 1/2 小匙、檸檬汁 2 小匙、柳橙利口酒 1 小匙並攪打均勻。

❷ 蓋上蓋子冷凍 1 小時使其冷卻變硬後，用叉子攪拌再度放回冷凍庫。此動作請重複 3 次。

○ 在感冒初期時，幫助由內而外提振身心的配方

免疫力UP薑柚水

葡萄柚 + 蘋果 + 檸檬 + 生薑

改善症狀

預防感冒	夏天疲勞
免疫力 UP	手腳冰冷
肩膀痠痛	胃脹氣
橘皮組織	脂肪燃燒

16hr

BEAUTY & HEALTHY
MEMO

葡萄柚能預防初期感冒惡化。
生薑可改善手腳冰冷、解除因
夏天疲勞導致的倦怠感。蘋果
則能保護細胞免受活性氧侵
害。此配方帶有爽快辛香的口
味，想使嘴巴舒爽一下時請務
必嘗試看看！

材料 （480ml 的罐子 1 瓶份）

葡萄柚…1/5 個
蘋果…1/10 個
檸檬薄片…1/2 片
生薑…1/5 片（3g）
水…345ml

作法

1 將葡萄柚、蘋果、檸檬、生薑依序
   放入罐中並倒水。

2 蓋上蓋子、放到冰箱冷藏 16 ～ 24
   小時。

   再泡一次！

   注入相同的水量並冷藏 12 小時。

葡萄柚切成圓片
去皮後，再切成
1/4 大小。

蘋果帶皮切成四等分，
再切成 4 ～ 5mm 的蘋
果片。

生薑磨成泥狀。

檸檬切成 2 ～ 3mm
的薄片後再對切。

◐ 藉助維他命 C 的力量，讓肌膚閃閃動人！

活力C莓顏水

紅葡萄柚 + 草莓 + 萊姆

改善症狀

預防感冒	皺紋
消除疲勞	肌膚乾燥
便秘	生理痛
橘皮組織	脂肪燃燒

BEAUTY & HEALTHY MEMO

紅葡萄柚、草莓、萊姆擁有的維他命 C 能緊緻毛孔。此外，能迅速去除肌肉疲勞的檸檬酸及水溶性纖維也大量溶於水中，是究極款的排毒水。稍帶苦味的大人風格及清爽香氣是其特徵。

材料 （480ml 的罐子 1 瓶份）

紅葡萄柚…1/3 個
草莓（中）…3～4 粒
萊姆薄片…1 片
水…300ml

作法

1 將紅葡萄柚、草莓、萊姆的依序放入罐中並倒水。

2 蓋上蓋子後放入冰箱冷藏 16～24 小時。

再泡一次！

注入相同的水量並冷藏 12 小時。

紅葡萄柚切成圓片並去皮，再切成 1/4 扇形。

萊姆切成 2～3mm 的薄片後去皮。

草莓去蒂後每粒切成 6 等分的月牙形。

美味再製食譜

調味生鮭魚片

❶ 將草莓切碎並分開備用。其他水果則與橄欖油 1 大匙、白酒醋 2 小匙、楓糖漿 1 又 1/2 小匙，一起放入果汁機攪打均勻。

❷ 放入粗略切碎的洋茴香 1 大匙、鹽 1/2 小匙、黑胡椒少許調味後冷藏。

❸ 將草莓放在鮭魚片上，淋上 ❶ 的醬料並灑上少許黑胡椒及洋茴香。

檸檬基底排毒水
LEMON BASED

DETOX POINT

- 維他命 C ★★★
- 檸檬酸 ★★★
- 鉀 ★★

以檸檬為基底的排毒水具有美白肌膚、預防感冒、提升免疫力的功用。檸檬的香味成分「檸烯」不只能舒緩壓力還可幫助抑制食慾。加上有降低血壓、使血管柔軟富彈性的作用，可預防代謝症候群。除此之外也含有許多水溶性膳食纖維及類黃酮。

◯ 徹底清除囤積在體內的毒素及老廢物質，重拾活力

紓壓香檸排毒水

檸檬 + 生薑 + 荷蘭薄荷

檸檬帶皮切成
2～3mm的薄
片。

生薑帶皮切成
薄片。

薄荷摘取葉子的部
分，放至手心拍打
使香味散出。

改善症狀

肌膚乾燥	夏天疲勞
手腳冰冷	水腫
便秘	身心放鬆
生理痛	肩膀痠痛

BEAUTY & HEALTHY MEMO

檸檬及薄荷的鉀能幫助身體
代謝，並排出多餘水分，使
體內恢復乾淨舒爽。兩種香
味可緩和生理痛，消除經前
和生理期的情緒不穩。帶有
些微刺激且清爽的飲用口感
是每天都想享受的味道。

材料 （480ml 的罐子 1 瓶份）

檸檬…1/2 個
生薑…5 片
荷蘭薄荷…4 枝
水…390ml

作法

1 將生薑、檸檬、荷蘭薄荷依序放入罐
中並倒水。

2 蓋上蓋子放到冰箱冷藏 5 小時。

再泡一次！

拿掉容易腐敗的荷蘭薄荷，注入相同
的水量並冷藏 12 小時。

◯ 改善便秘，提神醒腦同時補充大量元氣

超抗氧迷迭香蘋果水

檸檬 + 蘋果 + 迷迭香

檸檬帶皮切成 2～3mm的薄片。

蘋果帶皮切成4等分，再切成厚度 4～5mm 的蘋果片。

將迷迭香放至手心拍打使香味散出。

改善症狀

成人痘	
橘皮組織	水腫
便秘	夏天疲勞
減肥	臉部潮紅
幫助放鬆	肩膀痠痛

BEAUTY & HEALTHY MEMO

蘋果能吸附體內囤積的有害物質並使其排出。自古以來常被認為能使人重返年輕的藥草「迷迭香」則能調養美肌及維持腦部健康。在節制的甜味中帶有迷迭香的強烈香氣是此配方的特色。

材料 （480ml 的罐子 1 瓶份）

檸檬…1/2 個
蘋果…1/10 個
迷迭香…5cm
水…380ml

作法

1 將迷迭香、檸檬、蘋果依序放入罐中並倒水。

2 蓋上蓋子後放入冰箱冷藏 5 小時。

再泡一次！

拿掉容易腐敗的迷迭香，注入相同的水量並冷藏 12 小時。

香蕉基底排毒水
BANANA BASED

DETOX POINT

- 鉀　　　★ ★ ★
- 類黃酮　　　　★

具有排出多餘水分的鉀，及分解蛋白質與脂肪時不可或缺的維他命 B6，這兩種成分在香蕉中都有豐富的含量。此外，也含有多酚可保護細胞免於受活性氧侵害導致機能衰退。完全熟成的香蕉功效較好，其富含血清素擁有安定情緒的功效。

🍌 適合正在減肥節食又要參加飲酒聚會的你

輕盈紅潤莓薑水

香蕉 + 藍莓 + 生薑 + 肉桂

改善症狀

肌膚粗糙	水腫
眼睛疲勞	食慾不振
便秘	手腳冰冷
頭髮毛躁乾澀	

BEAUTY & HEALTHY MEMO

香蕉中富含的水溶性維他命 B6 可促進脂肪代謝、防止脂肪肝，特別推薦給喜歡飲酒且正在減肥節食的人。此外也能減緩孕吐不適。生薑、肉桂、藍莓所含成分可促進血液循環，改善頭髮毛躁乾澀及手腳冰冷。香蕉與肉桂混合出熱帶風情的口感。

生薑帶皮切成薄片。

香蕉直切成 2 等分後再切成兩段。

肉桂棒直接使用。

冷凍藍莓直接使用。

材料 （480ml 的罐子 1 瓶份）

香蕉（中）…1 根
冷凍藍莓…25 粒
生薑…1/3 片（5g）
肉桂棒…1 根
水…300ml

作法

1 將冷凍藍莓、生薑、香蕉、肉桂棒依序放入罐中並倒水。

2 蓋上蓋子放到冰箱冷藏 6 小時。

🍌 適合不小心喝酒喝太多的夜晚

輕甜蘋果解酒飲

香蕉 + 蘋果 + 檸檬

改善症狀

肌膚粗糙	橘皮組織
水腫	食慾不振
便秘	宿醉
減肥	頭腦清醒

BEAUTY & HEALTHY MEMO

能解除喉嚨乾渴的蘋果，及預防脂肪肝的香蕉最適合宿醉時使用。檸檬酸可去除身體倦怠感，給你隔天醒來舒適的早晨。因此特別推薦給煩惱便秘或減肥的人。是隱約帶有甜味的溫和口感。

材料 （480ml 的罐子 1 瓶份）

香蕉（中）…1 根
蘋果…1/4 個
檸檬薄片…1 片
水…300ml

作法

1 將香蕉、蘋果、檸檬依序放入罐中並倒水。

2 蓋上蓋子放到冰箱冷藏 6 小時。

香蕉直切成 2 等分後再切成兩段。

檸檬帶皮切成 2～3mm的薄片。

蘋果帶皮切四等分，再切成厚度 5mm 的蘋果片。

🍌 最適合飲食過量後來一杯，徹底消除胃脹氣

鳳梨奇異果健胃飲

香蕉 + 奇異果 + 鳳梨 + 荷蘭薄荷 + 迷迭香

改善症狀

- 肌膚乾燥粗糙
- 免疫力 UP
- 水腫
- 食慾不振
- 胃脹氣
- 整腸作用
- 減肥

14hr

BEAUTY & HEALTHY MEMO

奇異果酵素及鳳梨酶都是能幫助蛋白質分解的酵素。薄荷與迷迭香兩者更能強力促進消化，是減肥節食中建議定期飲用的排毒水。融合南國水果的強烈甜味與清爽香草結合出平衡怡人的口感。

材料 （480ml 的罐子 1 瓶份）

香蕉（中）…1 根
奇異果…1/3 個
鳳梨…30g
荷蘭薄荷…2 枝
迷迭香…5cm
水…300ml

鳳梨切成 3 枚薄片，並用叉子戳刺切面。

香蕉切成厚約 5mm 的圓片。

迷迭香放至手心拍打使香味散出。

薄荷摘取葉子的部分，放至手心拍打使香味散出。

奇異果切成 3 個圓片並去皮。

作法

1 將奇異果、香蕉、荷蘭薄荷、鳳梨、迷迭香依序放入罐中並倒水。

2 蓋上蓋子放到冰箱冷藏 14 小時。

美味再製食譜

製作咖哩時可將剩下水果搗碎後，與 3 大匙原味優格一起放入鍋中燉煮。

水果咖哩

鳳梨基底排毒水
PINEAPPLE BASED

DETOX POINT

- 維他命 C　　　★
- 檸檬酸　　　　★★
- 類黃酮　　　　★★

鳳梨所含成分有美肌、改善便秘、抗老化及提升免疫力的作用。此外,將碳水化合物轉化成能量時需要的維他命 B1 也很豐富。因含有蛋白質分解酵素鳳梨酶,所以能促進消化。經常吃外食或飲食過量的時候,鳳梨排毒水是非常推薦飲用的配方。

🍍 每日一杯高酵素果汁，肌膚透明感 UP！

超燃脂柚梨薑味水

鳳梨 + 葡萄柚 + 生薑 + 肉桂

鳳梨切成約 4cm 的塊狀，並用叉子戳刺切面。

肉桂棒直接使用。

葡萄柚切成半月形後去皮，接著再對半切。

生薑磨成泥狀。

改善症狀

斑點	肌膚暗沉
水腫	消除疲勞
便秘	減肥
胃脹氣	手腳冰冷

BEAUTY & HEALTHY MEMO

生薑及肉桂能暢通血液循環並改善手腳冰冷、提升肌透感。葡萄柚的香氣能促進脂肪分解，並與鳳梨的蛋白質分解酵素形成雙重減肥效果。鳳梨甜味與葡萄柚的苦味互相調和，在口中散發出清新舒爽的口感。

材料 （480ml 的罐子 1 瓶份）

鳳梨…80g
葡萄柚…1/8 個
生薑…1/3 片（5g）
肉桂棒…1 根
水…300ml

作法

1 將鳳梨、葡萄柚、生薑、肉桂棒依序放入罐中並倒水。

2 蓋上蓋子放到冰箱冷藏 12 小時。

再泡一次！

注入相同的水量並冷藏 12 小時。

🍍 擊退惱人的痘痘問題

淨痘消腫青蘋水

鳳梨 + 奇異果 + 青蘋果

改善症狀

成人痘

水腫	橘皮組織
便秘	脂肪燃燒
肩膀痠痛	免疫力 UP

🕐 **10hr**

BEAUTY & HEALTHY MEMO

清爽的青蘋果芳香有促進血液循環及美肌作用。青蘋果含有豐富的鉀可強力排水，消除水腫問題。甜甜的鳳梨搭配擁有溫醇甜味的青蘋果，製造出雅致多層次的口味與香氣。

材料 （480ml 的罐子 1 瓶份）

鳳梨…70g
奇異果…1/3 個
青蘋果…25g
水…300ml

作法

1 將奇異果、鳳梨、青蘋果依序放入罐中並倒水。

2 蓋上蓋子放到冰箱冷藏 10 小時。

再泡一次！

注入相同的水量並冷藏 12 小時。

鳳梨切 3 ～ 4cm 塊狀，用叉子戳刺切面。

青蘋果帶皮切 4 等分後，再切成厚 度 5 ～ 6mm 的圓片狀。

奇異果剝皮切成 2 枚圓片後，再切 4 等分。

美味再製食譜

青蘋果醬

❶ 將水果放入耐熱容器中，鳳梨與奇異果切成細條狀。加入蜂蜜 1 大匙、甜菜糖 2 小匙並攪拌均勻。

❷ 不包保鮮膜，放入微波爐（500W）中加熱 8 分鐘，撈起浮起的渣沫後即完成。

※ 為了防止內容物噴濺，請選用稍大的容器。

🍍 打造水嫩無瑕肌，朝素顏美人邁進！

南國消暑鮮果水

鳳梨 + 芒果 + 草莓 + 薄荷

改善症狀

斑點	皺紋
成人痘	
胃脹氣	夏天疲勞
預防感冒	

10hr

BEAUTY & HEALTHY MEMO

鳳梨的蛋白質分解酵素及薄荷香氣可抑制噁心反胃、預防胃潰瘍。維他命 C 及葉酸可由內而外打造光澤肌膚。濃郁香甜的南國水果中加入薄荷與薄荷的清涼感，形成容易入口的味道。

材料 （480ml 的罐子 1 瓶份）

鳳梨…80g
冷凍芒果…40g
草莓（中）…2 個
薄荷…4 枝
水…300ml

草莓去蒂後每粒切成 5 ～ 6 枚的薄片。

鳳梨切 3 ～ 4cm 塊狀，用叉子戳刺切面。

薄荷葉放至手心拍打，使香味散出。

冷凍芒果直接使用。

作法

1 將鳳梨、冷凍芒果、草莓、荷蘭薄荷依序放入罐中並倒水。

2 蓋上蓋子放到冰箱冷藏 10 小時。

再泡一次！

拿掉容易腐敗的荷蘭薄荷，注入相同的水量並冷藏 12 小時。

美味再製食譜

水果優格

在剩下的水果中加入喜好分量的原味優格並淋上蜂蜜。

藍莓基底排毒水
BLUEBERRY BASED

DETOX POINT

- 花青素　　　　　★★
- 類黃酮　　　　　★★
- 水溶性膳食纖維　　★

藍莓富含暢通血液循環、緩和眼睛疲勞的花青素，以及預防老化與癌症的各種類型豐富的多酚。但要注意的是，由於能抗老化的維他命 E 與不溶性膳食纖維無法溶於水中，因此製作完排毒水後的藍莓也請好好食用。

🫐 改善血液循環，打造光澤動人的肌膚

維他命嫩肌藍莓飲

藍莓 + 葡萄柚 + 胡椒薄荷

冷凍藍莓直接使用。

葡萄柚切成圓片並去皮。

胡椒薄荷摘取葉子的部分，放至手心拍打使香味散出。

改善症狀

肌膚乾燥	皺紋
預防感冒	肩膀痠痛
眼睛疲勞	貧血
手腳冰冷	身心放鬆

BEAUTY & HEALTHY MEMO

藍莓及葡萄柚所含有的類黃酮能促進血液循環，具有肌膚抗老的功效。葡萄柚也能改善夏天疲勞及預防貧血，薄荷的香氣則能使心情放鬆。

材料 （480ml 的罐子 1 瓶份）

冷凍藍莓…20 粒
葡萄柚…1/8 個
胡椒薄荷…3 枝
水…365ml

作法

1 將冷凍藍莓、葡萄柚、胡椒薄荷依序放入罐中並倒水。

2 蓋上蓋子放到冰箱冷藏 12 小時。

再泡一次！

拿掉容易腐敗的胡椒薄荷，注入相同的水量並冷藏 12 小時。

◔ 滋潤雙眼、消除黑眼圈及肌膚暗沉

紫色亮肌檸檬水

藍莓 + 奇異果 + 檸檬

改善症狀

黑眼圈	斑點
肌膚乾燥暗沉	
水腫	眼睛疲勞
橘皮組織	便秘

16hr

BEAUTY & HEALTHY
MEMO

奇異果與檸檬可說是維他命 C 的大寶庫，可抑制形成斑點的黑色素生成。藍莓的花青素具有保護微血管的功效，能預防黑眼圈、幫助培養零暗沉的明亮肌膚。

材料 （480ml 的罐子 1 瓶份）

冷凍藍莓…15 粒
奇異果…1/6 個
檸檬薄片…1 片
水…360ml

作法

1 將冷凍藍莓、奇異果、檸檬依序放入罐中並倒水。

2 蓋上蓋子放到冰箱冷藏 16 ～ 24 小時。

冷凍藍莓直接使用。

檸檬帶皮切成 2mm 的薄片。

奇異果去皮切成 1 枚圓片。

美味再製食譜

牛肉咖哩

將剩下的水果加入植物油 1 小匙、蜂蜜 1/2 小匙、鹽及黑胡椒少許、丁香粉少許，和牛肉 100g 充分調和後於室溫放置 15 分鐘，待其變軟後一起燉煮。

🍇 改善長期使用電腦的雙眼不適與肩膀痠痛

安神羅勒鳳梨飲

藍莓 + 鳳梨 + 羅勒

改善症狀

胃脹氣	肌膚粗糙
夏天疲勞	肩膀痠痛
身心放鬆	眼睛疲勞
集中力 UP	

BEAUTY & HEALTHY MEMO

藍莓中的花青素能消解眼周痠澀及肩膀痠痛。羅勒濃厚的香氣可幫助放鬆並提高集中力。此外更能使長時間使用電腦的疲累身心恢復平衡。想增加集中力時這杯排毒水是最適合的配方。

材料 （480ml 的罐子 1 瓶份）

冷凍藍莓…23 粒
鳳梨…30g
羅勒（生）…2 片
水…355ml

作法

1 將冷凍藍莓、鳳梨、羅勒依序放入罐中並倒水。

2 蓋上蓋子放到冰箱冷藏 16 ～ 24 小時。

再泡一次！

拿掉容易腐敗的羅勒，注入相同的水量並冷藏 12 小時。

冷凍藍莓直接使用。

羅勒放至手心拍打使香味散出。

鳳梨切成厚度 1cm 的大小，並用叉子戳刺切面。

美味再製食譜

牛排醬

❶ 將藍莓及鳳梨放入大碗，加入醬油 4 大匙、味醂 1 大匙、蜂蜜 1 大匙、紅酒 1 小匙、伍斯特醬 1 小匙，用攪拌器攪打均勻。

❷ 移至小鍋中，加入甜菜糖 1 小匙、粗粒黑胡椒少許，開小火加熱攪拌。沸騰後撈起渣沫，接著最小火燉煮 2 分鐘。

覆盆莓基底排毒水
RASPBERRY BASED

DETOX POINT

- 花青素　　　　★★
- 類黃酮　　　　★★
- 水溶性膳食纖維　★

覆盆莓含有能保護微血管的
花青素、增強免疫力的類黃
酮及膳食纖維,且抑制癌細
胞增殖的鞣花酸也很豐富。
而香味成分的覆盆莓烯酮素
能強化脂肪分解酵素脂酶的
作用,進而達成減肥效果。

🍓 消除頑固便秘，打造不易發胖的體質

消化美人紅莓水

覆盆莓 + 蘋果 + 檸檬

冷凍覆盆莓直接使用。

檸檬帶皮切成 2 ～ 3mm 的薄片。

蘋果帶皮以銀杏切法（將圓切成四分之一）切成厚度 4 ～ 5mm 的蘋果片。

改善症狀

肌膚暗沉	肌膚乾燥
夏天疲勞	預防口臭
消除疲勞	便秘
水腫	脂肪分解

BEAUTY & HEALTHY MEMO

蘋果的整腸作用搭配檸檬大量的維他命 C 可使糞便軟化，進而消除與預防便秘症狀。還能增加腸內好菌的數量並整頓體內環境。覆盆莓香味成分的覆盆莓烯酮素能分解脂肪。想要平坦小腹的你一定要試試看。

材料 （480ml 的罐子 1 瓶份）

冷凍覆盆莓…20 粒
蘋果…1/7 個
檸檬薄片…1 片
水…345ml

作法

1 將冷凍覆盆莓、蘋果、檸檬依序放入罐中並倒水。

2 蓋上蓋子放到冰箱中冷藏 11 小時。

再泡一次！

注入相同的水量並冷藏 12 小時。

🍓 緩和生理期不適，預防貧血症狀

好心情窈窕莓橙水

覆盆莓 + 柳橙 + 香蕉 + 肉桂

冷凍覆盆莓直接使用。

肉桂棒直接使用。

柳橙切成 2 枚圓片並切掉皮。

香蕉去皮直切成 2 等分後再對切（也可切成圓片）。

改善症狀

水腫	消除疲勞
眼睛疲勞	便秘
手腳冰冷	脂肪燃燒
生理痛	貧血

BEAUTY & HEALTHY MEMO

覆盆莓所含的葉酸是製造細胞及紅血球不可或缺的物質。肉桂能溫暖身體，幫助緩和因生理期或身體冰冷造成的腹痛、關節痛。是適合經前及生理期間飲用的排毒水。

材料 （480ml 的罐子 1 瓶份）

冷凍覆盆莓…20 粒　　肉桂棒…1 根
柳橙…1/3 個　　　　　水…315ml
香蕉（中）…1/4 根

作法

1　將柳橙、冷凍覆盆莓、香蕉、肉桂棒依序放入罐中並倒水。

2　蓋上蓋子放到冰箱冷藏 16 ～ 24 小時。

　　再泡一次！

　　注入相同的水量並冷藏 12 小時。

美味再製食譜

覆盆莓冰沙

將水果冷凍後放進果汁機中，再加入牛奶 75ml、原味優格 1 大匙、蜂蜜 1 大匙、檸檬汁 1 小匙攪打均勻。

芒果基底排毒水
MANGO BASED

DETOX POINT

- 鉀 ★★
- 維他命 C ★★
- 水溶性膳食纖維 ★★

芒果含鉀能排除體內多餘的鈉，維持細胞水分平衡；也含有培育美肌及提升免疫力時不可或缺的維他命 C，以及大量的水溶性膳食纖維。但要注意的是，芒果能防止老化的 β 胡蘿蔔素無法溶於水中，因此剩下的芒果也要好好品嚐！但有漆樹過敏的人若碰到芒果可能導致嘴巴腫脹或發癢，請小心注意。

🍋 美肌養成及預防口臭，推薦約會前飲用

活顏芒果萊姆水

芒果 + 萊姆 + 生薑 + 荷蘭薄荷

冷凍芒果直接使用。

生薑帶皮切成
5 枚薄片。

薄荷摘取葉子的部分，放
至手心拍打使香味散出。

檸檬切成 2 ～ 3mm
的薄片並去皮。

改善症狀

肌膚乾燥	斑點
黑眼圈	水腫
夏天疲勞	便秘
口臭預防	

BEAUTY & HEALTHY MEMO

芒果含有大量培養美肌不可
缺少的維他命 C。加入萊姆
更能一口氣提升緊緻毛孔的
作用。此外，透過能預防口
臭的生薑及薄荷，口氣也變
得清新舒爽。芒果濃郁的甜
味會溶在水中，特別推薦給
喜歡甘甜排毒水的人飲用。

材料 （480ml 的罐子 1 瓶份）

冷凍芒果…100g
萊姆薄片…2 片
生薑…1/3 根（5g）
荷蘭薄荷…4 枝
水…320ml

作法

1 將冷凍芒果、生薑、萊姆、荷蘭薄荷
   依序放入罐中並倒水。

2 蓋上蓋子放到冰箱冷藏 12 小時。

   再泡一次！

   拿掉容易腐敗的荷蘭薄荷，注入相同
   的水量並冷藏 12 小時。

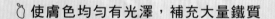

🍋 使膚色均勻有光澤，補充大量鐵質

甜醇芒果補鐵飲

芒果 + 草莓 + 檸檬

改善症狀

肌膚暗沉	斑點
皺紋	肌膚乾燥
黑眼圈	夏天疲勞
貧血	

BEAUTY & HEALTHY MEMO

芒果及草莓中的葉酸有造血作用，是細胞再生時必需的水溶性維他命。建議平時就要經常替身體補充此成分。檸檬及草莓富含的維他命 C 能幫助鐵質吸收。

材料 （480ml 的罐子 1 瓶份）

冷凍芒果…100g
草莓（中）…5 粒
檸檬薄片…1 片
水…300ml

冷凍芒果直接使用。

檸檬帶皮切成 2～3mm 的薄片。

草莓去蒂後每粒切成 5～6 枚的薄片。

作法

1 將草莓、檸檬、冷凍芒果依序放入罐中並倒水。

2 蓋上蓋子放到冰箱冷藏 10 小時。

再泡一次！

注入相同的水量並冷藏 12 小時。

美味再製食譜

芒果草莓冰沙

將剩下的水果放入密封袋中攤平並冷凍。分割成適當大小後放進果汁機，再加入牛奶 150ml、原味優格 2 大匙、楓糖漿 1 匙一起攪打均勻。

🍌 消除水腫讓身體更舒爽，肌膚水潤有彈性！

白皙草本蕉芒水

芒果 + 香蕉 + 檸檬 + 藥用鼠尾草

改善症狀

肌膚乾燥	水腫
預防感冒	夏天疲勞
生理痛	減肥
身心放鬆	

BEAUTY & HEALTHY MEMO

鹽分攝取過多會使血壓上升、引起水腫，而芒果及香蕉中的鉀可解除水腫。南國的濃郁風味水果加上藥用鼠尾草，協調出不會太甜且清爽暢快的口感。

材料 （480ml 的罐子 1 瓶份）

冷凍芒果…70g
香蕉（小）…1/2 根
檸檬薄片…1 片
藥用鼠尾草…3 片
水…325ml

冷凍芒果直接使用。

檸檬帶皮切成 2 ～ 3mm 的薄片。

香蕉斜切成 4 片薄片。

用手心拍打鼠尾草使香味散出。

作法

1 將冷凍芒果、檸檬、藥用鼠尾草、香蕉依序放入罐中並倒水。

2 蓋上蓋子放到冰箱中 12 小時。

再泡一次！

拿掉容易腐敗的藥用鼠尾草，注入相同份量的水並冷藏 12 小時。

美味再製食譜

芒果香蕉雪酪

❶ 將剩下的芒果及香蕉放入保存容器中。加入切碎的檸檬、原味優格 80g、黍砂糖 2 大匙、鹽少許、檸檬汁 1/2 小匙、生薑 1/3 片磨碎並攪拌。

❷ 蓋上蓋子放進冰箱 1 小時冷卻變硬後用叉子攪拌，再次放回冰箱。此動作請重複 3 次。

西瓜基底排毒水
WATERMELON BASED

DETOX POINT

● 鉀　　　　★★★

西瓜雖有 90% 以上是水分，
但它具有能排出體內水分的
鉀及水溶性膳食纖維，此外
也含有一種叫做瓜氨酸的成
分，能促進排尿，是具有高
排毒力的水果。西瓜也含有
防止掉髮的肌醇，適合在喉
嚨乾渴及身體乾燥時食用。
果肉及果皮之間的白色部分
含有維他命 C，敷在臉上可
達到美白功效。

🍉 冷卻燥熱身體，適合運動後的水分補給！

沁涼多酚能量飲

西瓜 + 葡萄 + 羅勒

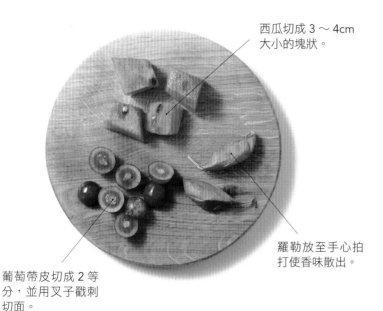

西瓜切成 3 ～ 4cm
大小的塊狀。

羅勒放至手心拍
打使香味散出。

葡萄帶皮切成 2 等
分，並用叉子戳刺
切面。

改善症狀

成人痘

頭髮毛躁乾澀

便秘	水腫

橘皮組織	消除疲勞

胃脹氣	熱潮紅

BEAUTY & HEALTHY
MEMO

西瓜所含的瓜氨酸可擴張血
管、緩和運動後的肌肉痠
痛，並改善頭痛。羅勒的香
氛則有使胃清爽舒適的功
效。西瓜甜味與羅勒葉的舒
爽，將融合出令人上癮的美
味口感。

材料 （480ml 的罐子 1 瓶份）

西瓜…100g
紅地球葡萄…4 粒
羅勒…2 片
水…300ml

作法

1 將西瓜、葡萄、羅勒依序放入罐中並倒水。

2 蓋上蓋子放到冰箱冷藏 16 ～ 24 小時。

美味再製食譜

西瓜葡萄冰沙

將水果冷凍後放進果汁機中，再
加入牛奶 100ml、原味優格 2 大
匙、蜂蜜 2 小匙攪打成冰沙。

清新甘甜薄荷飲

西瓜 + 檸檬 + 荷蘭薄荷

改善症狀

斑點	肌膚粗糙
水腫	消除疲勞
便秘	減肥
口臭	熱潮紅

BEAUTY & HEALTHY MEMO

西瓜及檸檬所含帶的維他命B6能改善口腔潰瘍。薄荷的香氛能促進消化、預防口臭，幫助放鬆身心。想飲用清爽的甘甜西瓜排毒水時，非常推薦此配方。

材料 （480ml 的罐子 1 瓶份）

西瓜…100g
檸檬薄片…1 片
荷蘭薄荷…3 枝
水…320ml

作法

1 將荷蘭薄荷、西瓜、檸檬依序放入罐中並倒水。

2 蓋上蓋子放到冰箱冷藏16 ～ 24 小時。

西瓜切成 3 ～ 4cm 大小的塊狀。

檸檬帶皮切成 2 ～ 3mm 的薄片。

薄荷摘取葉子的部分，放至手心拍打使香味散出。

🍉 改善夏日燥熱，適合每天待在冷氣房的你

雙紅暖薑水

西瓜 + 覆盆莓 + 生薑

改善症狀

手腳冰冷	肌膚乾燥
水腫	眼睛疲勞
貧血	夏天疲勞
便秘	熱潮紅

🕐 16hr

BEAUTY & HEALTHY MEMO

長時間待在冷氣房會使水分代謝
變差，這時候就透過具有優秀利
尿作用的西瓜來沖走多餘水分及
代謝物質吧！生薑能促進血液循
環、改善手腳冰冷，是對付夏天
疲勞的最佳排毒水。

材料 （480ml 的罐子 1 瓶份）

西瓜…100g
冷凍覆盆莓…8 粒
生薑…1/3 片
水…315ml

作法

1 將生薑、覆盆莓、西瓜依序
放入罐中並倒水。

2 蓋上蓋子放到冰箱冷藏
16 ～ 24 小時。

再泡一次！

注入相同的水量並冷藏 12
小時。

西瓜切成 3 ～ 4cm
大小的塊狀。

生薑磨碎成泥狀。

冷凍覆盆莓直接
使用。

美味再製食譜

涼拌莓果高麗菜

將剩下的西瓜及覆盆莓切碎後放
入碗中。將 1/6 小顆高麗菜切絲，
抹上鹽巴使水分徹底排出。接著
與白酒醋 2 小匙、美乃滋 2 小匙、
少許黑胡椒一起混合均勻。

蘋果基底排毒水
APPLE BASED

DETOX POINT

- 鉀　　　　　　★★
- 水溶性膳食纖維　★★

蘋果裡的鉀及水溶性膳食纖維是排毒力超群的高手。豐富的果膠能消滅腸道中的壞菌、增加好菌。腸道變乾淨後情緒也能更加穩定。蘋果多酚可預防及緩和過敏症狀、降低膽固醇與血糖值。

🍎 溫暖身體並徹底排毒，健康補給的最佳能量水

蘋果肉桂美人飲

蘋果 + 肉桂

蘋果以月牙形切法
切成厚度 3 ～ 4mm
的蘋果片。

肉桂棒直接使用。

改善症狀

肌膚乾燥	水腫
消除疲勞	整腸作用
橘皮組織	手腳冰冷
肩膀痠痛	熱潮紅

BEAUTY & HEALTHY MEMO

這個王道組合雖然簡單樸實，卻擁有整腸、降低膽固醇及血壓、消除疲勞等各種健康功效。涼性的蘋果搭配具有溫暖效能的肉桂可使其達成平衡狀態。

材料 （480ml 的罐子 1 瓶份）

蘋果…1/3 個
肉桂棒…1 根
水…350ml

作法

1 將肉桂棒、蘋果依序放入罐中並倒水。

2 蓋上蓋子放到冰箱冷藏 10 小時。

再泡一次！

拿掉容易腐敗的肉桂棒，注入相同的水量並冷藏 12 小時。

🍎健全腸道環境，打造高免疫力體質

活力美腸蘋果水

蘋果 + 柳橙 + 生薑

改善症狀

肌膚乾燥	黑眼圈
橘皮組織	水腫
夏天疲勞	免疫力UP
便秘	熱潮紅

🕐 10hr

BEAUTY & HEALTHY MEMO

蘋果所含的果膠能吸附體內囤積的重金屬並向外排出。然而，未成熟蘋果的果膠無法溶於水中，因此須注意選擇使用完全熟成的蘋果。富含維他命 C 的柳橙與擁有溫暖身體功效的生薑融合在一起，是排毒力更進階的配方。

材料 （480ml 的罐子 1 瓶份）

蘋果…1/2 個
柳橙…1/3 個
生薑薄片…1/3 片（5g）
水…300ml

作法

1. 將柳橙、生薑、蘋果依序放入罐中並倒水。

2. 蓋上蓋子放到冰箱冷藏 10 小時。

   再泡一次！

   注入相同的水量並冷藏 12 小時。

生薑帶皮切成 4 ～ 5 枚薄片。

蘋果帶皮切 4 等分後，切成厚度 4 ～ 5mm 的蘋果片。

柳橙切成 2 枚圓片並切掉皮。

美味再製食譜

印度甜酸醬

❶ 將剩下的蘋果、柳橙及生薑切碎後，於鍋中加入番茄（中）1 顆切塊、洋蔥 1/4 個切薄片。

❷ 加入甜菜糖 100g、米醋 100ml、芥末籽醬 1/2 小匙、鹽 1/4 小匙、紅椒粉 1/4 小匙並攪拌混合。

❸ 開較弱的中火加蓋燉煮 20 分鐘，撈起渣沫並定時攪拌。接著拿掉蓋子以小火邊攪拌邊燉煮 15 分鐘。

❹ 冷卻後放冰箱冷藏一晚。可搭配咖哩、蕃茄肉醬或嫩煎豬肉使其更具風味，也可與沙拉醬一起使用。

🍎 一天的開始，就靠這罐讓集中力 UP！

迷迭香活腦葡萄飲

蘋果 ＋ 葡萄 ＋ 檸檬 ＋ 迷迭香

改善症狀

肌膚乾燥	皺紋
橘皮組織	水腫
夏天疲勞	幫助放鬆
熱潮紅	集中力 UP

🕐 16hr

BEAUTY & HEALTHY MEMO

蘋果與葡萄的多酚能防止細胞機能下降、提升抗老化作用，也能期待達成預防癌症的功效。迷迭香的香氣可促進大腦血流，更有增進集中力的效果。

材料 （480ml 的罐子 1 瓶份）

蘋果…1/3 個
紅地球葡萄…3 ～ 4 粒
檸檬薄片…1/2 片
迷迭香…5cm
水…325ml

作法

1 將葡萄、蘋果、迷迭香、檸檬依序放入罐中並倒水。

2 蓋上蓋子放到冰箱冷藏 16 ～ 24 小時。

再泡一次！

拿掉容易腐敗的迷迭香，注入相同的水量並冷藏 12 小時。

蘋果帶皮將圓切 4 等分，切成厚度 4 ～ 5mm 的蘋果片。

檸檬帶皮切成 2 ～ 3mm 的半月形薄片。

葡萄帶皮橫切成 2 等分，並用叉子戳刺果肉。

迷迭香直接使用，放至手心拍打使香味散出。

葡萄基底排毒水
GRAPE BASED

DETOX POINT

- 花青素　　　★★★
- 鉀　　　　　★★
- 類黃酮　　　★★

葡萄的皮及種子含有花青素之外，還含有各種多酚成分。其中特別是種子所帶有的「原花青素」有強力維持身體機能的抗氧化作用。而紅葡萄皮的白藜蘆醇（resveratrol）則有預防癌症的功效。所以使用葡萄時請將皮及種子都好好浸泡到水裡讓健康成分溶解出來吧！

❀ 延緩老化、擊退疲憊不堪的臉色！

抗氧化多酚葡萄水

葡萄 + 柳橙 + 藍莓

葡萄帶皮橫切成 2 等分，用叉子戳刺果肉。

冷凍藍莓直接使用。

柳橙切成 2 枚圓片並切掉皮。

改善症狀

肌膚暗沉	眼睛疲勞
水腫	便秘
降低血壓	消除疲勞
改善症狀	提升情緒

BEAUTY & HEALTHY MEMO

葡萄與藍莓含有多酚及花青素，能提升肝臟機能及抵抗老化。這些成分再與柳橙的檸檬酸及維他命 C 搭配組合，更能加速消除疲勞的功效。本配方特別適合眼睛感到疲倦時飲用。

材料 （480ml 的罐子 1 瓶份）

紅地球葡萄…8 粒
柳橙…1/4 個
冷凍藍莓…7 ～ 8 粒
水…300ml

作法

1 將柳橙、葡萄、冷凍藍莓依序放入罐中並倒水。

2 蓋上蓋子放到冰箱中 12 小時。

再泡一次！

注入相同的水量並冷藏 12 小時。

美味再製食譜

葡萄剉冰淋醬

將葡萄切半、柳橙切碎，藍莓則維持原狀使用。加入砂糖 4 大匙、磨碎的生薑均勻攪拌。冷藏 1 小時後即可淋在剉冰上享用。

DETOX POINT

- 鉀　　　★★★
- 檸檬酸　★★★
- 類黃酮　★★★

蜜柑具有能排出多餘水分功能
的鉀，以及消除疲勞的檸檬
酸。除此之外，能強化血管、
防止病毒侵入的類黃酮、水溶
性膳食纖維及維他命 C 等也很
豐富。酸味與清涼感滿溢的香
氣能使人精神煥然一新。

養顏美容及減肥節食不可或缺的維他命 C 寶庫！

膠原煥白蜜橘水

甘夏蜜柑（柑橘）+ 酢橘

蜜柑切成 3 枚半月形薄片並切掉皮。

酢橘帶皮切成 2 ～ 3mm 的薄片。

改善症狀

肌膚暗沉	肌膚乾燥
水腫	預防感冒
消除疲勞	便秘
身心放鬆	免疫力 UP

BEAUTY & HEALTHY MEMO

酢橘的皮含有名為芸香甘的成分，可強化微血管、阻擋細菌入侵。此外也能強化維他命 C 製造膠原蛋白的機能，是調理肌膚時可多加攝取的成分。

材料 （480ml 的罐子 1 瓶份）

甘夏蜜柑…1/2 個（去皮後 75g）
酢橘薄片…3 片
水…355ml

作法

1　將甘夏蜜柑、酢橘依序放入罐中並倒水。

2　蓋上蓋子放到冰箱冷藏 12 小時。

再泡一次！

注入相同的水量並冷藏 12 小時。

美味再製食譜

微苦柑橘馬鈴薯沙拉

將蜜柑及酢橘切碎（蜜柑中心白色部分須切除）。4 粒馬鈴薯削皮後煮熟。趁熱時加入美乃滋 2 小匙、植物油 2 小匙、米醋 2 小匙、鹽及黑胡椒少許、甜菜糖 1/2 小匙並仔細攪拌。最後加入水果攪拌即完成。

哈密瓜基底排毒水
MELON BASED

DETOX POINT

- 鉀
- 檸檬酸
- 水溶性膳食纖維

哈密瓜含有豐富的鉀，能發揮消水腫的功用。但要注意鉀是容易流失的成分，必須勤快地補充攝取。此外也含有抗疲勞的檸檬酸及改善便秘的維他命C。哈密瓜成熟時芳醇的香氣更有幫助身心放鬆的作用。

❀ 給倦怠身心及鬆弛肌膚的強力調理配方

薄荷亮膚綠果水

哈密瓜 + 青蘋果 + 檸檬 + 荷蘭薄荷

哈密瓜切成 3 ～ 4cm 的塊狀。

檸檬帶皮切成 2 ～ 3mm 的薄片。

青蘋果帶皮切 4 等分，切成厚度 4 ～ 5mm 的蘋果片。

薄荷摘取葉子的部分，放至手心拍打使香味散出。

改善症狀

肌膚暗沉	肌膚乾燥
黑眼圈	橘皮組織
水腫	身心放鬆
脂肪燃燒	

BEAUTY & HEALTHY MEMO

蘋果皮中的熊果酸能增加使燃脂更活躍的褐色脂肪組織，還能使膠原蛋白更加結實牢靠，維持肌膚緊緻力。搭配與排毒力強的哈密瓜，可以拯救崩壞的身體曲線並治癒受到強烈損傷的肌膚。

材料 （480ml 的罐子 1 瓶份）

哈密瓜…100g
青蘋果…20g
檸檬薄片…1 片
荷蘭薄荷…3 枝
水…300ml

作法

1 將哈密瓜、檸檬、薄荷、青蘋果依序放入罐中並倒水。

2 蓋上蓋子放到冰箱冷藏 5 小時。

再泡一次！

拿掉容易腐敗的荷蘭薄荷，注入相同分量的水並冷藏 12 小時。

單一水果排毒水
ONE FRUIT DETOX WATER

只用一種水果也超好喝

草莓
STRABERRY
10hr

材料（480ml 的罐子 1 瓶份）

草莓（中）…8 粒
水…300ml

作法

1 草莓去蒂後，將每粒直切成 6 等分。
2 將草莓放入罐中並倒水。
3 蓋上蓋子冷藏 10 小時。

※ 加入 1 片去皮的萊姆薄片，可使草莓風味更加突顯。

藍莓
BLUEBERRY
10hr

材料（480ml 的罐子 1 瓶份）

冷凍藍莓…30 粒
水…300ml

作法

1 將冷凍藍莓放入罐中並倒水。
2 蓋上蓋子冷藏 10 小時。

※ 加入 1 片檸檬薄片可讓口感更加豐富且清爽。

覆盆莓
RASPBERRY
10hr

材料（480ml 的罐子 1 瓶份）

冷凍覆盆莓…26 粒
水…360ml

作法

1 將冷凍覆盆莓放入罐中並倒水。
2 蓋上蓋子冷藏 10 小時。

鳳梨
PINEAPPLE
8hr

材料（480ml 的罐子 1 瓶份）

鳳梨…80g
水…350ml

作法

1 鳳梨切成 1cm 的塊狀，並用叉子戳刺切面。
2 將鳳梨放入罐中並倒水。
3 蓋上蓋子冷藏 8 小時。

※ 加入 1 片去皮萊姆薄片，可緩和甜味、打造清新口感。

只使用一種水果就能輕鬆完成的排毒水配方。
更在做法中配合水果味道,提供使口感更加美味的獨家祕訣。

西瓜
WATERMELON

<u>材料</u>(480ml 的罐子 1 瓶份)

西瓜…150g
水…300ml

<u>作法</u>

1 西瓜切成 2～3cm 的塊狀。

2 將西瓜放入罐中並倒水。

3 蓋上蓋子冷藏 8 小時。

※ 加入 1/2 片檸檬薄片,讓味道更有層次
且好入口。

哈密瓜
MELON

<u>材料</u>(480ml 的罐子 1 瓶份)

哈密瓜…1/8 個
水…315ml

<u>作法</u>

1 哈密瓜切成 1～2cm 的塊狀。

2 將哈密瓜放入罐中並倒水。

3 蓋上蓋子冷藏 8 小時。

※ 加入半片檸檬薄片,使口感別具風味。

紅葡萄柚
RUBY
GRAPEFRUIT

<u>材料</u>(480ml 的罐子 1 瓶份)

紅葡萄柚…1/3 個
水…350ml

<u>作法</u>

1 紅葡萄柚切成 2 枚圓片並去皮,切成
1/4 大小。

2 將紅葡萄柚放入罐中並倒水。

3 蓋上蓋子冷藏 8 小時。

※ 加入帶皮生薑薄片 1/3 片,可增添獨
特的辛香味。

柳橙
ORANGE

<u>材料</u>(480ml 的罐子 1 瓶份)

柳橙…1 個
水…300ml

<u>作法</u>

1 柳橙去皮後切成 5 枚圓片。

2 將柳橙放入罐中並倒水。

3 蓋上蓋子放入冰箱冷藏 8 小時。

※ 加入半月形檸檬薄片 2 片,可增添濃郁
層疊的酸味。

最想知道的玻璃罐排毒水
Q & A

ⓠ 一天到底要喝多少水才足夠？

Ⓐ 我們每天因呼吸及流汗等活動所流失的水分約2.5公升。而透過飲食獲得的水約1公升，所以必須再補充1.5公升才能取得平衡。如果補給水分不足，身體會調節尿液分量、使體內水分重複回收使用，對肌膚及健康都會產生負面影響。

ⓠ 哪一種喝法效果最好呢？

Ⓐ 一次喝太多水的話，在細胞吸收前就會被排出，所以請以一次150～250ml、一天6～8次的方式分開飲用。此外，在細胞水分流失前，也就是喉嚨感到乾渴前飲用是一大重點，並且有預防中暑的效果。但要注意用餐時若喝太多會讓胃液變稀、影響消化，因此請小心不要過量。

ⓠ 為什麼不喝冰沙或果汁？

Ⓐ 排毒水的目的就是讓水分滲透身體各個角落並排出代謝物質。若為了排毒或滋潤喉嚨而每天喝好幾杯冰沙及果汁，可能會造成糖分及卡路里攝取過多。

ⓠ 剩下的水果怎麼辦？

Ⓐ 只使用一次實在有點可惜，所以可以再次加水飲用或利用「美味再製食譜」做成其他料理。但再次飲用過後的材料因味道已散失，並不適合拿來做成料理。此外根據配方不同，也有不能再次飲用的種類。

REMAKE
RECIPES

→

ⓠ 帶著到處喝也沒問題嗎？

Ⓐ 可以放到保冷袋保存。若擔心水果腐壞，可只將排毒水倒在保冷瓶。也可選購如右圖的瓶子製作更方便。

ⓠ 水腫體質喝了會不會更嚴重？

Ⓐ 這時推薦帶有鉀成分的排毒水，因為鉀具有強效的利尿作用。另外也可以參考92～93頁，選擇「消除水腫」的對應食材來製作。當然，每個人適合的分量都會有所差異。若喝到肚子飽脹或在鹽分較多的飲食中飲用過多就會引起水腫。

ⓠ 我有手腳冰冷的症狀，喝冰水也沒關係嗎？

Ⓐ 有這項煩惱的人可先將排毒水從冰箱拿出，放到室溫再行飲用。參考92～93頁選擇「消除手腳冰冷」的對應食材也很重要。

ⓠ 如何攝取無法溶於水中的成分？

Ⓐ 番茄紅素及β胡蘿蔔素等成分無法溶於水中，所以可透過再製食譜直接攝取。

ⓠ 冷凍的水果還有營養價值嗎？

Ⓐ 事實上，比起收成後到食用前經過許多時間的水果，收成後馬上冷凍的水果營養價值更高。此外，冷凍過一次後其纖維會受到破壞，所以具有內部成分較易溶出的優點。因此冷凍水果可說是最適合製作排毒水的食材。

ⓠ 可以「縮短」浸泡時間嗎？

Ⓐ 若只是想享用味道的話，浸泡短時間是可以的。但本書所列出的是能讓香氣、味道，及食材的排毒成分徹底溶出的時間，所以依本書配方製作是較推薦的方法。

玻璃罐排毒水的 **5** 大優點

① 好吸收，徹底排出老廢及有害物質

透過溶出水果或蔬菜裡的維他命C、檸檬酸、礦物質等成分，可去除只靠水無法排出的體內有害物質、養顏美容、提升免疫力、預防細胞機能下降等功效。由於營養成分溶在水中，既使身體疲憊也很容易吸收是最大的優點。

② 健全腸道環境，擁有更多幸福感

腸道的狀態會直接影響到健康，水果中的水溶性膳食纖維果膠會成為腸內好菌的食物，因此驅逐壞菌。此外，溶出的維他命C有使糞便軟化的作用，就算是頑固的便秘也能加以改善及預防，幫助我們打造出乾淨的腸內環境。能讓人擁有正向與幸福情緒的物質「血清素」，幾乎都是在乾淨的腸道內形成，因此整頓好腸內環境也能帶來幸福感。

③ 抵抗老化，消除傷害細胞的活性氧物質

水果及蔬菜中含帶並溶於水中的營養成分，具有抗氧化作用，能消除傷害細胞、降低身體機能的活性氧物質。除去活性氧，就能預防身體或肌膚老化的問題。

④ 利用「香氣」維持自律神經平衡

帶有「香氣」是排毒水的一大特徵。香氣可以調節自律神經、緩和頭痛、使心情放鬆及提高集中力。自律神經無法靠自己的意識控制，所以請務必試著藉助排毒水的香氛力量來放鬆。

⑤ 低卡零負擔，營養補給的最佳飲品

也許你會認為：「想攝取水果的養分，那直接吃不是比較好嗎？」但水果中的水溶性維他命需要2～3小時才能被排出，此時若吃下水果可能會造成碳水化合物的卡路里過量。而排毒水則是碳水化合物幾乎不會溶出來的低卡飲品，因此推薦給想減肥節食的人飲用。

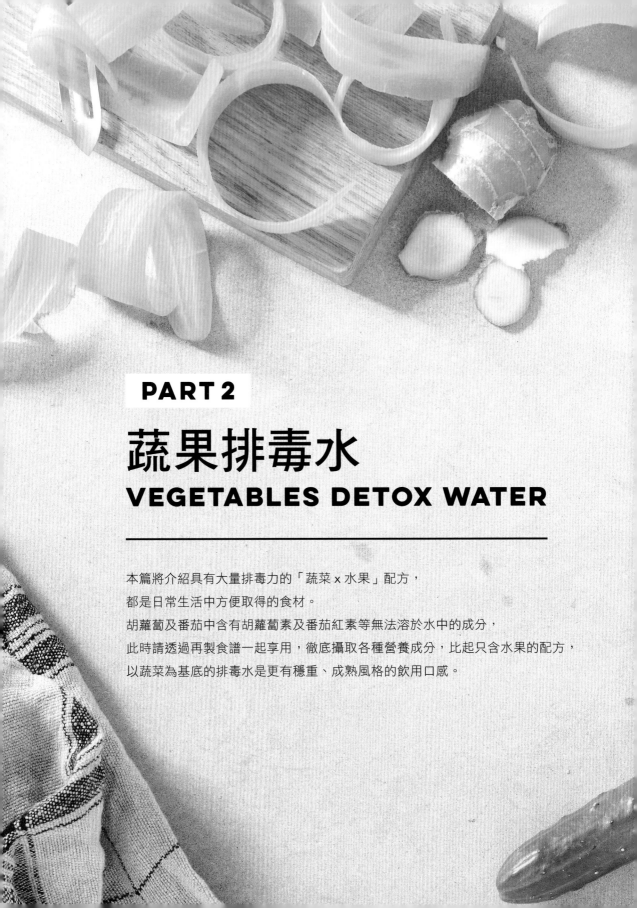

PART 2
蔬果排毒水
VEGETABLES DETOX WATER

本篇將介紹具有大量排毒力的「蔬菜 x 水果」配方，
都是日常生活中方便取得的食材。
胡蘿蔔及番茄中含有胡蘿蔔素及番茄紅素等無法溶於水中的成分，
此時請透過再製食譜一起享用，徹底攝取各種營養成分，比起只含水果的配方，
以蔬菜為基底的排毒水是更有穩重、成熟風格的飲用口感。

番茄基底排毒水
TOMATO BASED

DETOX POINT

- 鉀　　　　★★★
- 肌醇　　　★★

番茄含有豐富的肌醇，可預防
生活習慣病（註）。同時也富含
維他命 B 群，能保持神經、腦
部及肌膚健康。但由於維他命
B 群無法積存在體內，所以必
須勤勞持續攝取。β 胡蘿蔔素
及番茄紅素無法溶於水中，所
以請透過再製食譜徹底將所有
的營養一併吸收。

★ 編註：主要因生活習慣（飲食
　運動習慣、吸菸喝酒等）所導
　致的疾病總稱。如糖尿病、高
　血壓、代謝症候群。也稱為文
　明病或成人病。

✿ 攝取豐富葉酸，推薦給孕婦及準備懷孕的女性

白裡透紅茄莓飲

番茄 + 柳橙 + 草莓 + 迷迭香

番茄切成 3 枚圓片。

草莓去蒂後每粒直切成 6 等分。

柳橙切成 1 枚圓片並切掉皮。

迷迭香放至手心拍打使香味散出。

改善症狀

肌膚暗沉	肌膚乾燥
水腫	消除疲勞
胃脹氣	生理痛
貧血	

BEAUTY & HEALTHY MEMO

草莓與番茄中的豐富葉酸是製造細胞及血液時非常重要的成分。特別推薦給容易貧血、孕婦及準備懷孕的女性。由於融合含有豐富維他命的水果，對肌膚照護也非常有效。

材料 （480ml 的罐子 1 瓶份）

番茄（中）…3/5 個（70g）
柳橙…1/4 個
草莓（中）…2 粒
迷迭香…5cm
水…315ml

作法

1 將番茄、柳橙、草莓、迷迭香依序放入罐中並倒水。

2 蓋上蓋子後，放入冰箱冷藏 16 小時。

再泡一次！

拿掉容易腐敗的迷迭香，注入相同的水量並冷藏 12 小時。

美味再製食譜

義大利蔬菜湯

❶ 先用橄欖油及大蒜炒熟自己喜歡的蔬菜，再將剩下的番茄、柳橙、草莓大略切碎後加入番茄汁 160ml、水 100ml、法式清湯高湯顆粒 1/2 小匙及迷迭香 5cm。

❷ 蓋上蓋子開中火，撈掉渣沫後以小火燉煮 20 分鐘，加入少許鹽調味即完成。

🍅 補充水分，有效改善口腔潰瘍及喉嚨疼痛

超代謝番茄紅柚水

番茄 + 紅葡萄柚 + 檸檬 + 藥用鼠尾草

番茄切成 3 枚圓片。

將藥用鼠尾草放至手心拍打使香味散出。

紅葡萄柚切成 1 枚圓片並切掉皮。

檸檬帶皮切成 2 ～ 3mm 的薄片。

改善症狀

頭髮毛躁乾澀

肌膚乾燥	水腫

橘皮組織	喉嚨疼痛

消除疲勞	熱潮紅

BEAUTY & HEALTHY MEMO

此配方富含檸檬酸可排出體內毒素。此外，藥用鼠尾草則能舒緩喉嚨疼痛或口腔潰瘍的症狀。長期待在冷氣房或空氣易乾燥的季節時，此配方能成為打擊乾燥的好伙伴。

材料 （480ml 的罐子 1 瓶份）

番茄（中）…4/5 個　　　藥用鼠尾草…3 片
紅葡萄柚…1/5 個　　　水…330ml
檸檬薄片…1 片

作法

1 將番茄、紅葡萄柚、藥用鼠尾草、檸檬依序放入罐中並倒水。

2 蓋上蓋子後，放入冰箱冷藏 16 小時。

再泡一次！

拿掉容易腐敗的藥用鼠尾草，注入相同的水量並冷藏 12 小時。

美味再製食譜

普羅旺斯雜燴

❶ 用橄欖油及大蒜將蔬菜炒熟。把剩下的番茄與紅葡萄柚切碎，加入少許砂糖及百里香 3 枝並攪拌均勻。

❷ 以小火燉煮 15 分鐘後，加入適量橄欖油、鹽、黑胡椒調味再稍微煮沸即完成。

白蘿蔔基底排毒水
RADISH BASED

DETOX POINT

- 維他命 C　　★★★
- 鉀　　　　　★★★
- 類黃酮　　　★★

白蘿蔔中消化酵素能協助胃腸運作、改善消化不良，維他命 C 能調理肝臟機能，適合胃脹氣及宿醉時飲用。此外更含有一種名為「山奈酚」的類黃酮能強化微血管，以及可高效排水的鉀，特別適合想徹底修復身體時飲用。

肌膚透明感再現、變身小臉美人！

白蘿蔔透肌消腫飲

白蘿蔔 + 蘋果 + 生薑

白蘿蔔切成厚度
3～4mm 的圓片。

蘋果以月牙形切法切成厚度
3～4mm 的蘋果片。

生薑帶皮切成
薄片。

改善症狀

肌膚暗沉	肌膚粗糙
水腫	夏天疲勞
喉嚨疼痛	胃脹氣
預防感冒	宿醉

BEAUTY & HEALTHY MEMO

此配方能溫暖身體、使血液循環變好，讓代謝物質徹底被沖刷乾淨。持續飲用後，臉部肌膚將變得光滑亮麗，也能消除水腫達到小臉效果。此外，覺得喉嚨痛或感冒初期時也很推薦飲用。

材料 （480ml 的罐子 1 瓶份）

白蘿蔔（中）…60g
蘋果…1/5 個
生薑…1/3 根（5g）
水…330ml

作法

1 將生薑、白蘿蔔、蘋果的依序放入罐中並倒水。

2 蓋上蓋子，放入冰箱冷藏 12 小時。

小黃瓜基底排毒水
CUCUMBER BASED

DETOX POINT

● 鉀　　　★★★

小黃瓜雖有 95％是水分，但它含有豐富的鉀，因此有強效利尿作用，對消除水腫很有幫助。此外，最近也因發現小黃瓜含有脂肪分解酵素「磷脂酶」而造成話題。酵素因為不耐熱，所以藉由排毒水將成分溶出是非常適合的攝取方法。

🥒 消除煩雜思緒、鎮靜身體的燥熱不適

薄荷沁綠甜瓜水

小黃瓜 + 哈密瓜 + 荷蘭薄荷

小黃瓜切掉兩端後,將切除的蒂與切面互相摩擦並用水洗淨(註),接著去皮切成 2 ～ 3mm 的薄片。

薄荷摘取葉子的部分,放至手心拍打使香味散出。

用水果挖球器將哈密瓜挖成球狀(或切成 1.5cm 大小的塊狀)。

改善症狀

水腫	便秘
熱潮紅	宿醉
減肥	脂肪分解
身心放鬆	

BEAUTY & HEALTHY MEMO

葫蘆科(瓜科)植物具有豐富的鉀。小黃瓜與哈密瓜的雙重鉀成分可使代謝物質徹底排出。芳醇帶甜的哈密瓜香味與薄荷的清涼香氣則有放鬆作用,是消除混亂思緒的療癒配方。

材料 (480ml 的罐子 1 瓶份)

小黃瓜(中)…1/3 根
哈密瓜…50g
荷蘭薄荷…3 枝
水…330ml

★ 編註:小黃瓜的水分占 96.7%,將蒂頭與切面摩擦後,可將水分從纖維中壓出,使其味道及營養成分更容易溶出。

作法

1 將小黃瓜、哈密瓜、荷蘭薄荷依序放入罐中並倒水。

2 蓋上蓋子,放入冰箱冷藏 10 小時。

再泡一次!

拿掉容易腐敗的荷蘭薄荷,注入相同的水量並冷藏 12 小時。

小黃瓜輕盈低卡飲

小黃瓜 + 芒果 + 檸檬

改善症狀

🕐 **10hr**

斑點	肌膚粗糙
水腫	消除疲勞
肌膚暗沉	肩膀痠痛
減肥	脂肪燃燒

BEAUTY & HEALTHY MEMO

從混合搭配的蔬菜及水果中，維他命 C、水溶性膳食纖維及鉀皆均勻溶出，是平衡兼具的一款配方。在芒果的香濃味道中，添增了小黃瓜的清爽並以檸檬提升酸味。

材料 （480ml 的罐子 1 瓶份）

小黃瓜（中）…1/3 根
冷凍芒果…30g
檸檬薄片…1 又 1/2 片
水…350ml

作法

1 將冷凍芒果、小黃瓜、檸檬依序放入罐中並倒水。

2 蓋上蓋子，放入冰箱冷藏 10 小時。

再泡一次！

注入相同的水量並冷藏 12 小時。

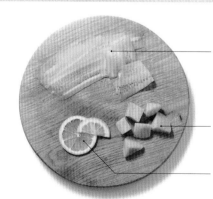

小黃瓜切掉兩端後，將切除的蒂與切面互相摩擦並用水洗淨，接著去皮以削皮器直削成薄片。

冷凍芒果直接使用。

檸檬帶皮切成 2 ～ 3mm 的半月形薄片。

美味再製食譜

健康沙拉醬

❶ 將小黃瓜徹底擠乾水分並切成適口大小。

❷ 碗中放入檸檬、芒果、橄欖油 1 大匙、白酒醋 11/2 小匙、芥末 1 小匙、蜂蜜 1 小匙後用果汁機攪打成沙拉醬。

❸ 再加入鹽 1/2 小匙、黑胡椒少許攪拌調味。最後在蔬菜沙拉上放置小黃瓜並淋上沙拉醬。

在意黑眼圈及臉部水腫時的美肌排毒水

迷迭香亮妍甜柚水

小黃瓜 + 葡萄柚 + 迷迭香

改善症狀

橘皮組織	肌膚乾燥
水腫	消除疲勞
黑眼圈	胃脹氣
脂肪燃燒	

BEAUTY & HEALTHY MEMO

迷迭香可預防黑眼圈,葡萄柚的鉀與膳食纖維,能使身體輕盈無負擔。接著再好好補充從葡萄柚中溶解出來的維他命 C 以邁向美肌之路,心情也能因為香氣變得更愉悅。

材料 (480ml 的罐子 1 瓶份)

小黃瓜(中)…1/3 根
葡萄柚…1/5 個
迷迭香…3cm
水…350ml

作法

1 將葡萄柚、迷迭香、小黃瓜依序放入罐中並倒水。

2 蓋上蓋子,放入冰箱冷藏 10 小時。

再泡一次!

拿掉容易腐敗的迷迭香,注入相同的水量並冷藏 12 小時。

小黃瓜切掉兩端後,將切除的蒂與切面互相摩擦並用水洗淨,接著去皮切成 2 ～ 3mm 的薄片。

迷迭香直接使用,放至手心拍打使香味散出。

葡萄柚切成 1 枚圓片並切掉皮。

胡蘿蔔基底排毒水
CARROT BASED

DETOX POINT

- 鉀　　　　　　★★★
- 水溶性膳食纖維　★★

胡蘿蔔富含能溶於水中的水溶性膳食纖維果膠。持續飲用可消除肚子的沉重感並改善便秘。此外鉀能幫助排出多餘水分、改善水腫。它是最能讓全身上下排毒淨化的蔬菜。需要注意的是 β 胡蘿蔔素成分雖擁有防止細胞機能下降的抗氧化作用，但可惜的是它不溶於水，所以剩下的胡蘿蔔請透過再製食譜好好品嚐吧！

給辛苦努力的自己一杯獎賞！

陽光賦活胡蘿蔔水

胡蘿蔔 + 柳橙 + 藍莓 + 檸檬

胡蘿蔔帶皮以削皮器直削成薄片。

柳橙切成 1 枚圓片並切掉皮。

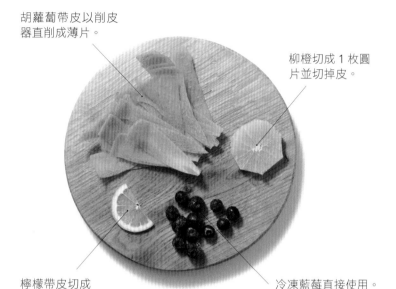

檸檬帶皮切成 2～3mm 的半月形薄片。

冷凍藍莓直接使用。

改善症狀

斑點	肌膚乾燥
保濕	水腫
眼睛疲勞	消除疲勞
便秘	肌肉疲勞

BEAUTY & HEALTHY MEMO

檸檬酸能消除累積的疲勞，是適合一天結束時飲用，尤其大量用眼後請務必享用此配方。藍莓與檸檬含有的類黃酮能防止細胞老化、維持年輕活力。

材料（480ml 的罐子 1 瓶份）

胡蘿蔔（中）…1/4 根（50g）
柳橙…1/3 個（去皮後 40g）
冷凍藍莓…10 ～ 12 粒
檸檬薄片…1/2 片
水…300ml

作法

1 將胡蘿蔔放入鍋中，加入 100ml 的水，用小火燉煮 3 分鐘。

2 胡蘿蔔冷卻後，將胡蘿蔔、檸檬、冷凍藍莓、柳橙依序放入罐中並倒入鍋中的水及補足的水。

3 蓋上蓋子，放入冰箱冷藏 12 小時。

美味再製食譜

豆子沙拉

1 將橄欖油 1 大匙、白酒醋 1 大匙、大蒜 1/3 片磨碎、鹽及黑胡椒少許，用打蛋器仔細攪拌製作成沙拉醬。

2 將剩下的胡蘿蔔與柳橙切成大塊，檸檬去皮後切碎，藍莓大略切碎，與綜合豆子（如黃豆、紅豆、毛豆等）270g 及切細的香芹 1 大匙和沙拉醬一起攪拌。接著包上保鮮膜冷藏 1 小時。

🥕 讓汗水變清澈，緩和體臭及口臭症狀

退火舒爽紅檸水

胡蘿蔔 + 蘋果 + 檸檬 + 荷蘭薄荷

改善症狀

肌膚乾燥	橘皮組織
成人痘	
消除疲勞	免疫力UP
便秘	預防口臭

12hr

BEAUTY & HEALTHY MEMO

胡蘿蔔、蘋果、檸檬所含的水溶性膳食纖維能溫柔洗淨排出沉積已久的毒素，透過持續飲用可以讓汗去黏乾爽、緩和體臭。檸檬與薄荷的香氛則可以使口氣清新、預防口臭。

材料 （480ml 的罐子 1 瓶份）

胡蘿蔔（中）…1/4 根
蘋果…1/5 個
檸檬薄片…1 片
荷蘭薄荷…3 枝
水…350ml

作法

1　將胡蘿蔔放入鍋中，加入 100ml 的水，用小火燉煮 3 分鐘。

2　胡蘿蔔冷卻後，將胡蘿蔔、檸檬、蘋果、荷蘭薄荷依序放入罐中並倒入鍋中的水及補足的水。

3　蓋上蓋子，放入冰箱冷藏 12 小時。

胡蘿蔔帶皮切成 2～3mm 的圓片。

薄荷摘取葉子的部分，放至手心拍打使香味散出。

檸檬帶皮切成 2～3mm 的薄片。

蘋果帶皮切成 4 等份，再切成厚度 3～4mm 的蘋果片。

美味再製食譜

胡蘿蔔蘋果冰沙

將剩下的胡蘿蔔與蘋果冷凍後放進果汁機中，再加入牛奶 100ml、原味優格 3 大匙、蜂蜜 1 大匙、檸檬汁 1/2 小匙、肉桂粉少許並攪拌。

🥕 補足流失的水分，夏日沁涼的好夥伴

黃金蔬果活力飲

胡蘿蔔 + 芒果 + 檸檬 + 肉桂

改善症狀

肌膚乾燥	美肌
胃脹氣	水腫
消除疲勞	夏天疲勞
便秘	手腳冰冷

12h

BEAUTY & HEALTHY MEMO

肉桂是一種可以改善血液流
通、溫暖身體、補充活力的
香料。能緩和因冷氣吹過頭
或攝取太多冰涼食品導致的
消化不良或胃部不適。胡蘿
蔔與芒果的水溶性膳食纖維
則能預防及改善便秘。

材料 （480ml 的罐子 1 瓶份）

胡蘿蔔（中）…1/4 根
冷凍芒果…50g
檸檬薄片…1/2 片
肉桂棒…1 根
水…340ml

作法

1 將胡蘿蔔放入鍋中，加入 100ml
的水，用小火燉煮 3 分鐘。

2 胡蘿蔔冷卻後，將冷凍芒果、檸
檬、肉桂棒、胡蘿蔔依序放入罐中
並倒入鍋中的水及補足的水。

3 蓋上蓋子，放入冰箱冷藏 12 小時。

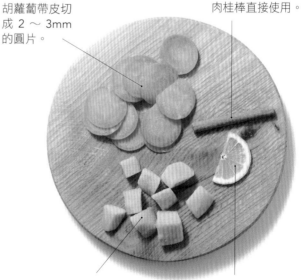

胡蘿蔔帶皮切
成 2 ～ 3mm
的圓片。

肉桂棒直接使用。

冷凍芒果直接使用。

檸檬切成 2 ～ 3mm
的半月形薄片。

苦瓜基底排毒水
GOYAH BASED

DETOX POINT

- 維他命 C   ★★★
- 鉀   ★★

苦瓜的苦味成分「苦瓜蛋白」具有強力抗氧化作用，能防止老化細胞機能下降。是擁有頂級維他命 C 含量的苦瓜也是排毒力非常強大的食材。與甘甜水果的搭配中添增苦味，可呈現出獨特醒胃的順口感。

🥒 整頓自律神經、消除疲勞感,維持好氣色

纖體苦瓜蕉柚水

苦瓜 + 葡萄柚 + 香蕉 + 奇異果 + 萊姆

去除苦瓜內部的白棉,切成厚度 3～4mm 的薄片,並用鹽輕輕搓揉後用水沖淨。

香蕉切成厚度 5～6mm 的圓片。

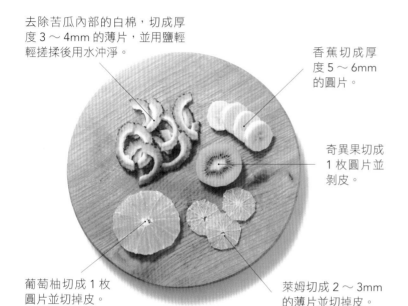

奇異果切成 1 枚圓片並剝皮。

葡萄柚切成 1 枚圓片並切掉皮。

萊姆切成 2～3mm 的薄片並切掉皮。

改善症狀

斑點	肌膚粗糙
肌膚乾燥	水腫
消除疲勞	預防感冒
便秘	減肥

BEAUTY & HEALTHY MEMO

苦瓜溶於水中的「苦瓜蛋白」具有調整自律神經的功效。由於水果中也會溶出許多維他命 C,因此本配方是能養成美肌、消除便秘的萬用排毒水。此外溶出的鉀能改善因攝取過多鹽分或手腳冰冷造成的水腫。

材料 (480ml 的罐子 1 瓶份)

苦瓜(大)…20g
葡萄柚…1/8 個
香蕉(小)…1/2 根
奇異果…1/6 個

萊姆薄片…3 片
水…340ml

作法

1 將苦瓜、葡萄柚、奇異果、萊姆、香蕉依序放入罐中並倒水。

2 蓋上蓋子,放入冰箱冷藏 8 小時。

美味再製食譜

果香涼拌豆腐

將剩下的葡萄柚、奇異果與萊姆大略切碎後放入碗中,並加入醬油 1/2 小匙、魚露 1/2 小匙、一小撮砂糖後仔細攪拌。接著加入苦瓜並再次攪拌,最後放到冷豆腐上。

果香排毒茶
TEA BASED DETOX WATER

茉莉花排毒茶
JASMINE TEA BASED

8hr

DETOX POINT

- 鉀　　　　　　★★★
- 檸檬酸　　　　★★★
- 水溶性膳食纖維 ★★★

滋潤肌膚與秀髮的同時也一併消除疲勞！

滋潤蜜桃檸檬茶
桃子 + 檸檬 + 生薑 + 茉莉花茶

改善症狀

頭髮毛躁乾澀	
肌膚保濕	橘皮組織
水腫	消除疲勞
便秘	成人痘

BEAUTY & HEALTHY
MEMO

用熱水沖泡茉莉花茶能讓分解脂肪的多酚溶出水中。桃子能消除及預防便秘，且能賦予肌膚潤澤的美容成分也很豐富。搭配溫暖身體、促進血液流通的生薑及檸檬，能讓素顏也變得更美麗。

材料　（480ml 的罐子 1 瓶份）

桃子…1/2 個
檸檬薄片…1/2 片
生薑薄片…3 片（3g）
茉莉花茶葉…3g
熱水…200ml
水…200ml

作法

1 將茉莉花茶葉放入茶包袋中。把茶葉及熱水放入罐中，蓋上蓋子浸泡 3 分鐘後，取出茶葉並使其冷卻。

2 桃子帶皮切成 2cm 月牙形、檸檬帶皮切成 2～3mm 的半月形薄片、生薑帶皮切成薄片。

3 待茉莉茶冷卻後，將檸檬、生薑、桃子依序放入罐中並倒水。

4 蓋上蓋子，放入冰箱冷藏 8 小時。

本篇要介紹改用紅茶、綠茶或花草茶做為基底，並加入水果的排毒茶配方。
不僅融合茶香、味道及排毒能力，還可以享受到和排毒水不一樣的風味。
這裡的配方請不要加水再次飲用，罐中留下的水果請好好品嚐吧！
※DETOX POINT成分的☆數非指基底的茶，而是「排毒茶」整體的標示。

玫瑰排毒茶
ROSE TEA BASED

DETOX POINT

- 鉀　　　　　　　　★★
- 水溶性膳食纖維　　★★
- 葉酸　　　　　　　★

改善症狀

| 肌膚暗沉 | 脂肪燃燒 |

頭髮毛躁乾澀

| 黑眼圈 | 水腫 |

| 身心放鬆 | 便秘 |

BEAUTY & HEALTHY
MEMO

玫瑰的香氣能活化女性荷爾蒙、帶來滋潤，支援美麗肌膚及秀髮的養成。安撫女性特有的情緒不穩定也很有效。此外，覆盆莓含有可幫助減少脂肪的「烯酮素」，蘋果則具有排出體內有害物質的果膠，本配方可說是為女性量身設計的一款排毒茶。

材料（480ml 的罐子 1 瓶份）

蘋果…1/7 個
冷凍覆盆莓…6 粒
乾燥玫瑰…2g
熱水…200ml
水…190ml

作法

1　將乾燥玫瑰及熱水放入罐中，蓋上蓋子浸泡 3 分鐘後待其冷卻。

2　蘋果帶皮切成 4 等分，再切成厚度 3 ～ 4mm 的蘋果片。

3　將冷凍覆盆莓、蘋果依序放入罐中並倒水。

4　蓋上蓋子，放入冰箱冷藏 7 小時。

持續飲用，讓玫瑰香氛療癒心靈

覆盆莓美顏花茶

蘋果＋覆盆莓＋玫瑰花茶

格雷伯爵茶 **9hr**
EARL GREY BASED

DETOX POINT

- 花青素　　　★★★
- 類黃酮　　　★★★
- 鉀　　　　　★★

防止感冒及食物中毒，並提升免疫力
香橙藍莓伯爵茶
葡萄＋柳橙＋藍莓＋格雷伯爵茶

改善症狀

肌膚乾燥	水腫
眼睛疲勞	脂肪燃燒
免疫力 UP	預防感冒
身心放鬆	

BEAUTY & HEALTHY
MEMO

紅茶的成分有燃脂、消除雙眼疲勞、防止食物中毒、幫助放鬆等多種功效。這裡更加入葡萄、莓果類及柳橙的多酚來達到防止細胞機能下降的抗老功效。水果的甘甜與紅茶香氣形成高雅華麗的口感，如同品嚐無酒精雞尾酒般的享受。冷泡步驟能抑制咖啡因流出，降低刺激使口感更加溫潤醇和。

材料 （480ml 的罐子 1 瓶份）

紅地球葡萄…4 粒
柳橙…1/3 個
冷凍藍莓…10 粒
格雷伯爵茶茶葉…3g
※ 使用冷泡用茶葉。
水…340ml

作法

1 葡萄帶皮橫切成 2 等分，以插子戳刺切面使纖維斷裂。柳橙切成 2 枚圓片並去皮。將格雷伯爵茶茶葉放入茶包袋中。

2 將茶葉、葡萄、柳橙、冷凍藍莓依序放入罐中並倒水。

3 蓋上蓋子，放入冰箱冷藏 9 小時。

扶桑花茶
HIBISCUS TEA BASED

DETOX POINT

- 維他命 C　　　　★★★
- 檸檬酸　　　　★★★
- 水溶性膳食纖維　★★★

膳食纖維的寶庫！究極款排毒茶配方

高纖奇亞籽果茶

芒果 + 柳橙 + 奇異果 + 萊姆 +
奇亞籽 (鼠尾草籽) + 扶桑花茶

改善症狀

肌膚乾燥	水腫
斑點	肌膚暗沉
免疫力 UP	預防感冒
便秘	減肥

BEAUTY & HEALTHY MEMO

富含維他命 C、提升免疫力必須的檸檬酸以及鉀的扶桑花茶與水果所組成，稍微奢華的一款排毒配方。此外，吸水膨脹後能享受 QQ 口感的奇異籽則含有大量膳食纖維，不但能預防便秘，還可減少壞膽固醇，所以請一併好好品嚐喔！

材料（480ml 的罐子 1 瓶份）

冷凍芒果⋯50g
柳橙⋯1/6 個
奇異果⋯1/6 個
萊姆薄片⋯1 片
奇亞籽⋯6g
乾燥扶桑花茶包⋯1 包（1.5g）
熱水⋯100ml
水⋯250ml

作法

1　將乾燥扶桑花及熱水放入罐中，蓋上蓋子蒸熱 3 分鐘後待其冷卻。

2　將柳橙切成 1 枚圓片並切掉皮、奇異果切成 1 枚圓片，剝皮後切成 1/4 圓大小。萊姆切成 2 ～ 3mm 的薄片後去皮。

3　將冷凍芒果、奇異果、柳橙、萊姆、奇異籽依序放入罐中並倒水。

4　蓋上蓋子，放入冰箱冷藏 8 小時。

綠茶
GREEN TEA
BASED

7hr

DETOX POINT

- 維他命 C　　　★★★
- 檸檬酸　　　　★★★
- 兒茶素　　　　★★

維持神清氣爽，並支援脂肪燃燒！

燃脂柚香薄荷茶

葡萄柚 + 胡椒薄荷 + 綠茶

改善症狀

斑點	曬黑
肌膚乾燥	預防感冒
消除疲勞	便秘
脂肪燃燒	預防口臭

BEAUTY & HEALTHY
MEMO

綠茶及葡萄柚的維他命 C 具有預防感冒的功效，綠茶的兒茶素和葡萄柚則可促進燃脂。用冷水緩慢沖泡綠茶，將可使其鮮美成分徹底溶出、形成極上的頂級口感。若想徹底攝取綠茶兒茶素中脂肪分解成分時，必須使用 80 度左右的熱水沖泡來取代冷泡，並待其冷卻後再放入水果。懷孕中的女性推薦以冷泡方式飲用。

材料 （480ml 的罐子 1 瓶份）

葡萄柚…1/3 個
胡椒薄荷…5 枝
綠茶茶葉…3g
※ 使用冷泡用茶葉。
水…350ml

作法

1 葡萄柚切成 1 枚圓片後去皮。將胡椒薄荷放至手心拍打使香味散出。茶葉放至茶包袋中。

2 將茶葉、葡萄柚、胡椒薄荷依序放入罐中並倒水。

3 蓋上蓋子，放入冰箱冷藏 7 小時。

水果‧蔬菜成分對應表
FRUITS & VEGETABLES USEFUL LIST

本頁為書中使用之水果及蔬菜所含成分能一次掌握的對應表。

成分 / 蔬果名稱	能溶於水中的成分											不能溶於水中的成分			
	維他命C	鉀	水溶性纖維	檸檬酸	花青素	類黃酮	葉酸	維他命B6	肌醇	蘆丁	木糖醇	β胡蘿蔔素	番茄紅素	維他命E	不溶性纖維
草莓	●		●	●			●				●				
柳橙	●	●	●	●		●			●	●					
葡萄柚	●	●	●	●		●			●	●					
紅葡萄柚	●	●	●	●		●			●			●	●		
檸檬	●	●	●	●		●				●					
香蕉		●					●	●							
鳳梨			●			●									●
藍莓					●	●								●	●
覆盆莓							●			●					
芒果	●	●	●				●	●				●		●	
西瓜		●	●						●			●			
蘋果		●	●												●
青蘋果		●	●												●
葡萄		●	●		●	●									
蜜柑	●	●		●			●			●					
酢橘	●	●		●		●				●					
哈密瓜	●	●		●					●						
萊姆	●			●						●					
奇異果	●	●	●	●											
桃子		●	●	●					●						
番茄		●		●			●	●				●	●		
苦瓜	●						●								●
小黃瓜		●													
胡蘿蔔		●										●			●
白蘿蔔		●	●												●

※ 香草‧香辛料（生薑、荷蘭薄荷、胡椒薄荷、肉桂、迷迭香、藥用鼠尾草、羅勒、百里香、丁香），含有少量即可調整自律神經、促進消化的芳香效果。

水果・蔬菜成分對應表
FRUITS & VEGETABLES USEFUL LIST

★為功效較佳的蔬果

症狀 / 蔬果名稱	草莓	柳橙	葡萄柚	紅葡萄柚	檸檬	香蕉	鳳梨	藍莓	覆盆莓	芒果	西瓜
BEAUTY											
消除肌膚斑點暗沉	●	●	●	●	●					●	
擊退成人痘		●	●	●	●	●					●
防止肌膚粗糙乾燥	●	●	●	●	●	●	●		●	●	●
緊緻毛孔	●	●	●	●	●					●	
美白	●	●	●	●	●					●	
肌膚乾燥（保濕）	●	●	●	●	●					●	
預防皺紋	●	●	●	●	●					●	
對付黑眼圈		★	●	●							
消除頭髮毛躁乾澀		●	●	●						●	
對付橘皮組織		●	★	★	●	●			●	●	●
消除便秘		●	●	●	●	●				●	
解除腹瀉症狀						★					
消除水腫		●	●	●	●	●					★
脂肪燃燒			●	●					●		
HEALTHY											
整頓腸內環境		●	●	●							
胃脹氣			●	●			●				
使血液滑順通暢								●			
消除眼睛疲勞								★	●		
消除肩膀酸痛	●	●	★	★	★		●				
消除疲勞	●	●	★	★	★		●			●	
對付夏天疲勞	●	●	●	●	●	●	●	●	●	●	●
食慾不振						★					
偏頭痛										●	
口腔潰瘍		●									★
喉嚨疼痛	●										
增進免疫力		●	●	●	●	●				●	
預防感冒	★	●	●	●	●					●	
初期感冒	●	●	●	●	●					●	
降低血壓		●	●	●		●				●	
降低膽固醇值		●	●	●	●					●	
預防糖尿病		●	●	●	●					●	
對付熱潮紅			★	★							★
消除宿醉			★	★			●				
消除手腳冰冷								●			
預防口臭	●								●		
讓大腦清醒		●	★	★	●						
放鬆	●										
穩定情緒		●	★	★	●		●				
睡前放鬆						●		●	●	●	●
緩和生理痛		●	●	●	●		●			●	
預防貧血	●	●		●	●				●	●	

本篇為書中登場之水果及蔬菜的改善症狀對應表。

一杯排毒水中含有書中篇幅無法詳細列出的大量「惱人症狀改善」成分。

蘋果	青蘋果	葡萄	甘夏蜜柑	酢橘	哈密瓜	萊姆	奇異果	桃子	生薑	番茄	苦瓜	小黃瓜	胡蘿蔔	白蘿蔔
			●	●	●	●	●				●			
●	●			●			★	★			●			
●	●	●	●	●	●	●	●	●	●	●	●	●	●	●
			●	●	●	●	●				●			
			●	●	●	●	●				●			
			●	●	●	●	●				●			
			●	●	●	●	●				●			
		●		●					●		●			
								●		●				
●	●	●	●	●	●	●	●	●	●	●	●	●	●	●
●	●					●	●	●						
●	●	●	●	●	★		●	●	★	●	●	★	●	●
	●													
●	●						★	★						
							●		★	●			●	●
		●												
		●												
			●	●	●	●	●	●	●					
			●	●	●	★	★	●		●				
●	●	●	●	●			●		●	●		●	●	●
			●						●					
														●
●	●						●	●						
			●	●	●	●	●		●					★
									★					●
●	●	●					●	●		●		●	●	●
●	●					●	●	●						
●	●					●	●	●						
★	★									●	●	●		
		●							★					
●		●				●			●					
●	●	●	★	★	★									
		★												
●	●	●	●	●					●					
		●	●	●					●					
			●	●	●	●	●							

水果・蔬菜分類索引
FRUITS & VEGETABLES INDEX

生活樹系列 017

玻璃罐排毒水【法國藍帶甜點師獨家配方】

ジャーで楽しむデトックスウォーター キレイをつくるおいしいレシピ

原　　著	Sachi
譯　　者	趙君苹
總 編 輯	何玉美
主　　編	陳鳳如
封面設計	張天薪
內文排版	潘盈宏

出版發行	采實出版集團
行銷企劃	陳佩宜、陳詩婷、陳苑如
業務發行	林詩富、張世明、吳淑華、林坤蓉、林踏欣
法律顧問	第一國際法律事務所 余淑杏律師
電子信箱	acme@acmebook.com.tw
采實官網	http://www.acmestore.com.tw/
采實粉絲團	http://www.facebook.com/acmebook

Ｉ Ｓ Ｂ Ｎ	978-986-5683-64-1
定　　價	250 元
初版一刷	2015 年 9 月 3 日
劃撥帳號	50148859
劃撥戶名	采實文化事業有限公司
	104 台北市中山區建國北路二段 92 號 9 樓
	電話：（02）2518-5198
	傳真：（02）2518-2098

國家圖書館出版品預行編目資料

玻璃罐排毒水【法國藍帶甜點師獨家配方】／Sachi 作;趙君苹譯 .--
初版 .-- 臺北市:采實文化，民 104.9　面；公分 .--（生活樹系列;
17）
譯自：ジャーで楽しむデトックスウォーター キレイをつくるおいし
いレシピ
ISBN　978-986-5683-64-1（平裝）
1. 果菜汁 2. 食譜

427.46　　　　　　　　　　　　　　　　　　104012521